高等职业院校教学改革创新示范教材·数字媒体系列

Flash 游戏设计项目教程

邬厚民　陈凤芹　李宝智　编著

U0252855

电子工业出版社

Publishing House of Electronics Industry

北京·BEIJING

内 容 简 介

本书主要介绍 ActionScript 2.0 及 ActionScript 3.0 在 Flash 游戏开发方面的具体应用,旨在帮助读者掌握或提高 Flash 游戏开发的基础知识、原理和实际编程能力及技巧。全书共分为 11 章,章节按照"概念设计→关卡设计→角色场景设计→游戏编码设计→测试发布"的游戏项目制作流程来组织内容,涵盖了 Flash 游戏框架结构、Flash 平台脚本及语言、Flash 美术素材设计、Flash 程序代码设计等内容。本书提供立体化教学资源,包括课程标准、学习手册、教学课件、开发软件、主项目素材和源文件、拓展训练项目素材和源文件等(请登录华信教育资源网下载),并且提供了主要概念讲解和案例操作的微课视频和慕课资源(请登录 flashgame.gzkmu.edu.cn 浏览或扫描前言中二维码)。本书适用于高等职业院校计算机、动漫、软件游戏等专业的 Flash 游戏开发课程,也可作为游戏开发培训教材。

图书在版编目(CIP)数据

Flash 游戏设计项目教程 / 邹厚民,陈凤芹,李宝智编著. —北京:电子工业出版社,2015.8
高等职业院校教学改革创新示范教材. 数字媒体系列
ISBN 978-7-121-26542-6

Ⅰ. ①F… Ⅱ. ①邹… ②陈… ③李… Ⅲ. ①动画制作软件-高等职业教育-教材 Ⅳ. ①TP391.41

中国版本图书馆 CIP 数据核字(2015)第 149817 号

策划编辑:左 雅
责任编辑:左 雅 特约编辑:王 丹
印 刷:涿州市京南印刷厂
装 订:涿州市京南印刷厂
出版发行:电子工业出版社
        北京市海淀区万寿路 173 信箱 邮编 100036
开 本:787×1 092 1/16 印张:14 字数:358 千字
版 次:2015 年 8 月第 1 版
印 次:2015 年 8 月第 1 次印刷
印 数:3 000 册 定价:35.00 元

前　言

　　Flash 是一款集动画创作与应用程序开发于一身的创作软件，已被广泛应用于交互设计、多媒体设计、网络动画设计、数字艺术设计等诸多领域。虽然 Flash 从未被设计为一款专门的游戏开发软件，但是依靠其跨平台、方便易用、占有率高、灵活美观、丰富的交互语言等优势，越来越多的游戏开发人员选择 Flash 作为开发工具。由 Flash 制作的单机游戏、网页游戏、手机游戏在互联网上广为传播，大受玩家的欢迎。现在，Flash 已经成为主流的游戏开发平台之一。与此同时，我国很多高职或本科院校的动漫、游戏等相关专业，都将 Flash 作为一门重要的专业课程，但是涉及 Flash 游戏设计方面的教材还是比较匮乏。为了帮助高职院校的教师全面系统地讲授 Flash 游戏设计方面的知识，使学生能够掌握使用 Flash 平台设计开发游戏，我们三位长期从事游戏设计教学工作的教师共同编著了本书。

　　我们对本书的编写体系做了精心的编排，按照"概念设计→关卡设计→角色场景设计→游戏编码设计→测试发布"的游戏项目制作流程来组织内容，内容涵盖了 Flash 游戏框架结构、Flash 平台脚本及语言、Flash 美术素材设计、Flash 程序代码设计等内容。本书提供的游戏项目共 20 余个，分为章节主项目、子项目和拓展项目。章节主项目对应章节的核心内容；子项目是围绕主项目设计的，用于某个特定程序技巧的训练；拓展项目是读者完成主项目学习后进行拓展训练和创新的参考项目。这些项目都是编者及团队精心设计的原创项目，不少游戏项目如 Flappy Bird、2048、雷霆战机等正是当下最为流行的游戏。整个学习流程，项目紧密联系，环环相扣，一气呵成，让读者在轻松完成项目的过程中享受成功的乐趣，掌握 Flash 游戏设计技能，了解游戏设计思想、原则与规范，提高实战能力，以适应日后不同游戏设计工作的需要。

　　全书讲授的操作以版本 Flash CS6 为准，共 11 章。第 1 章 Flash 游戏设计入门，介绍 Flash 设计游戏的优势、Flash 游戏的类型、Flash 网络游戏和手机游戏的发展情况，以及 Flash 游戏设计开发的基本流程；第 2 章 Flash ActionScript 2.0 游戏基础，介绍 ActionScript 2.0 脚本的基本语法和使用情况；第 3～4 章，介绍使用 ActionScript 2.0 设计的两个游戏项目，一个是益智类游戏，一个是动作类游戏；第 5 章 ActionScript 3.0 游戏基础，重点介绍了 ActionScript 3.0 脚本的语法和使用方法，还介绍了 Flashdevelop 开发环境的搭建；第 6～8 章，分别用不同的游戏项目介绍了如何使用 ActionScript 3.0 设计游戏，包括了游戏框架的搭建、碰撞的检测、游戏引擎的使用等；第 9～10 章，介绍了 Flash 手机游戏开发的基本方法，以两个游戏项目为案例分别详细剖析基于苹果 iOS 平台和谷歌 Android 平台的游戏设计流程；第 11 章介绍了 Flash 网页游戏设计的基本流程的技术规范。

　　本书提供了立体化教学资源，包括课程标准、学习手册、教学课件、开发软件、高质量的教学视频、主项目素材和源文件、拓展训练项目素材和源文件等（请登录华信教育资源网下载），并且提供了全书主要概念讲解和案例操作的微课视频和慕课资源（请登录 flashgame.gzkmu.edu.cn 浏览或扫描前言中二维码）。本书的参考学时为 64 学时，其中实践环节为24学时，各章的参考学时在课程标准中有详细介绍。

本书由广州科技贸易职业学院的邬厚民、陈凤芹和广东环境保护工程职业学院的李宝智共同编著。其中，邬厚民负责全书结构和体例设计、核心游戏项目设计，并编写了第1章、第6章～第9章；陈凤芹编写了第2章～第5章；李宝智编写了第10章～第11章。此外，广州科技贸易职业学院信息工程学院小虎工作室的余克硕、林志健、朱文辉、何景浩、赵楚婷、苏博等同学参与了原创游戏项目设计工作，在此表示感谢。

由于时间仓促，水平有限，疏漏之处在所难免，恳请广大读者批评指正。

编　者

微课视频资源

目 录

CONTENTS

IX

X

第 1 章

Flash 游戏设计入门

1.1 Flash 设计游戏的优势

Flash 是一款集动画创作与应用程序开发于一身的创作软件。Flash 可以包含简单的动画和视频内容、复杂的演示文稿和应用程序，以及介于它们之间的任何内容，也可以通过添加图片、声音、视频和特殊效果，构建包含丰富媒体的 Flash 应用程序。Flash 自1996 年发布的 Flash 1.0 到最新版本 Adobe Flash Professional CC（2013 年 11 月），已经走过近 20 年的历史，功能日趋完善和强大，它为创建数字动画、交互式 Web 站点、桌面应用程序，以及手机应用程序开发提供了功能全面的创作和编辑环境。

虽然 Flash 从未被设计为一款专门的游戏开发软件，但是越来越多的游戏开发人员选择 Flash 作为开发工具，由 Flash 制作的单机游戏、网页游戏、手机游戏在互联网上广为传播，大受玩家的欢迎。使用 Flash 制作游戏具有以下一些优势。

▶1. 跨平台性

Flash 具有跨平台的特性，Flash Player 是一款高级客户端运行时使用的 Flash 播放器。它短小精悍，能够在各种浏览器、操作系统和移动设备上使用，功能强大，兼容性高。只要计算机设备安装支持 Flash Player，就能保证它们所运行的 Flash 程序最终显示效果都一致，而且 Flash Player 支持流式播放，从而加快了网络传输的效率和速度。

▶2. 占有率高

全球有超过 97%连接 Internet 的桌面计算机和移动设备上都安装了 Flash Player，并且有超过 80%的用户将它更新到年度最新版本。这使得 Flash 制作的游戏能拥有极多的玩家，这一点在游戏产业中是前所未有的。

▶3. 灵活性

Flash 被称为是"最为灵活的平台"，由于其独特的时间片段分割（TimeLine）和重组（MC 影片剪辑嵌套）技术，结合交互脚本流程控制，能够实现灵活的界面设计和动画设计。此外 Flash 与 Adobe 其他多媒体设计软件的兼容性非常好，如 Photoshop、Illustrator等软件设计的素材能够直接导入到 Flash 中使用。

▶4. 美观性

Flash 是一个非常优秀的矢量动画制作工具，它以流式控制技术和矢量技术为核心，制作的动画具有短小精悍、美观而不失真的特点。Flash 包括多种绘图工具。游戏美术设计师可以在不同的绘制模式下直接制作游戏角色、场景和动作等游戏美工元素，并且可以直接交付给程序员完成游戏的制作。Flash 在游戏美工和程序的结合性上的优点是很多传统游戏开发工具所不及的。

▶5. 交互性

Flash 包含一套可编程脚本解析器，称为 ActionScript。与 Java 及 Javascript 语法类似，ActionScript 可以控制 Flash 动画，实现多种交互功能，其中最具代表的是 FlashMX 发布的 ActionScript 2.0 和 Flash CS3 发布的 ActionScript 3.0。对于其他许多编程语言需要用大量的代码才能完成的任务，使用 Flash 处理就会简单多了，因为有很多任务 Flash 已经进行了优化，只要直接调用 ActionScript 的函数就可以实现相关的游戏功能。这样就使得同样需求下的游戏，使用 Flash 开发的周期要短得多，并且可以直接在 Internet 上发布。Flash 技术成为了大多数小型游戏开发的技术基础。

随着市场对 Flash 开发游戏的认可度越来越高，Adobe 公司在 Flash 的版本升级上，也逐步倾向于交互和游戏领域功能的开发，例如，大幅升级了代码管理、3D 转换、视频集成等功能。

②

◣ 1.2　常见的 Flash 游戏类型

游戏类型是一种分类法，是某种技术上的妥协。如果我们把游戏看成是对人生和世界的模拟的话，由于技术上的局限性，游戏设计者不可能把握这么广阔的主题，而必须通过分类将各种错综复杂的主题划分到一个较小的范围内，利用现有的可行的技术来予以表现，这样各种游戏类型就诞生了。不同类型的游戏在制作过程中所需要的技术也都截然不同，在 Flash 可实现的游戏范围内，基本上可以将游戏分成以下几种类型。

1.2.1　冒险类游戏

冒险类游戏通常是玩家控制角色进行虚拟冒险的游戏，其故事情节往往是以完成某个任务或是解开一个谜题的形式出现的。它并没有提供战术策略上的与敌方对抗的操纵过程，取而代之的是由玩家控制角色而产生一个交互性的故事。冒险类游戏以单机游戏形式流行于 20 世纪 90 年代，其中《古墓丽影》系列（Tomb Raider）、《神秘岛》（Myst）等都是冒险类游戏的经典作品。冒险类游戏基本要素包含探险、收藏、解谜，以及简化的格斗和动作内容，由于其开发流程非常依赖美工效果，并且对系统配置的要求通常也较低，所以用 Flash 制作的这类游戏又开始在 Internet 上重新流行起来（如图 1-1 所示）。

1.2.2　动作类游戏

动作类游戏强调玩家的反应能力和手眼的配合。动作类游戏的剧情一般比较简单，主要是通过熟悉操作技巧就可以进行游戏。这类游戏一般比较有刺激性，情节紧张，声光效果丰富，操作简单。射击游戏、卷轴游戏及格斗游戏都可归入这一类。在目前的 Flash

游戏中，这种游戏是最常见的一种，也是最受大家欢迎的一种。至于游戏的操作方法，既可以使用鼠标，也可以使用键盘或者多点触碰屏幕（如图 1-2 所示）。

图 1-1　Flash 冒险游戏《华纳史诗冒险——丛林冒险》，版权属于 Sarbakan 公司（www.sarbakan.com）

图 1-2　Flash 动作游戏《摧毁 2》（Raze2），版权属于 Armor Games 公司（www.armorgames.com）

1.2.3　益智类游戏

益智类游戏通常以游戏的形式锻炼游戏者的脑、眼、手等，使人们获得身心健康，增强自身的逻辑分析能力和思维敏捷性。值得一提的是，优秀的益智游戏娱乐性也十分强，既好玩又耐玩。《俄罗斯方块》、《宝石迷阵》（Bejewled），还有《数独酷》（Sudoku）就是其经典的代表。这类游戏使用 Flash 制作起来比较容易，因为创作一款简单的益智解谜类游戏不需要太多的设计工作，这意味着独立开发者经常靠自己就能制作完成。另外，网上主要的休闲游戏玩家年龄跨度大，尤以女性居多，她们一般比较喜欢节奏慢些的益智解谜类游戏（如图 1-3 所示）。

图 1-3　Flash 益智游戏《机器人小轮（LittleWheel）》（www.oneclickdog.com）

1.2.4　策略类游戏

　　策略类游戏提供给玩家一个可以多动脑筋思考问题，处理较复杂事情的环境，允许玩家自由控制、管理和使用游戏中的人或事物，通过这种自由的手段及玩家们开动脑筋想出来的对抗敌人的办法来达到游戏所要求的目标。策略类游戏大体又分为即时策略类（RTS）和回合制策略类。例如，《文明》、《帝国时代》、《星际争霸》等属于即时策略类游戏的代表作品。用 Flash 创建的多数是休闲型回合制策略类游戏，普遍采用一些措施来简化游戏玩法，比如通过削减可用选项及只关注一些主要任务。此外，塔防类游戏可算是休闲型策略类游戏的一个常见子类。在这种游戏中，玩家要策略地摆放各种不同的武器来阻止敌人通过防线（如图 1-4 所示）。

图 1-4　Flash 塔防游戏《皇家守卫军》，版权属于 Ironhide Game Studio 公司

1.2.5　角色扮演游戏

角色扮演游戏（RPG）类似于冒险类游戏，但通常对主角在游戏故事进程中不断成长的历程要描述得更多。传统上，RPG 都发生在幻想设定的故事背景中，并且它注重于玩家统计数据的进展，比如力量、智力或敏捷这样可增长的角色特性参数。近年来最流行的 RPG 是大型多人在线 RPG（也叫做 MMORPG），玩家可以在这种游戏中通过相互间的对抗或合作来使角色成长。由于网站社交化与网页载体的需求，一些由 Flash 构建的 MMORPG 游戏也开始崭露头角（如图 1-5 所示）。但由于这类游戏通常耗资巨大并且开发周期很长，游戏厂商在开发时尚且要冒很多的风险，对于独立开发者来说则更不可行。

图 1-5　Flash RPG 游戏《联邦之域（Union City）》，版权属于 Armor Games 公司（www.armorgames.com）

1.2.6　驾驶类游戏

顾名思义，驾驶类游戏都会让玩家操控某种交通工具，这些交通工具可能会在陆地上行驶，可能会在水域中航行，或者也可能在天空与太空中飞行。为了获取真实效果，这些游戏通常会以第一人称或第三人称视角来进行。由于系统配置需求及在 Flash 中搭建全 3D 环境的复杂性，此类游戏一般都采用二维视角（如图 1-6 所示）。

图 1-6　Flash 驾驶游戏《校巴执照（School Bus Licence）》（www.fog.com）

1.2.7 桌面类游戏

桌面类游戏通常是现实世界中此类游戏的数字式呈现，比如国际象棋、中国象棋、麻将牌、二十一点和德州扑克等。此外，近年比较流行的卡牌游戏也属于这一类，因为规则不复杂，系统配置需求较低，Flash 平台极为适合创建桌面类游戏（如图 1-7 所示）。

图 1-7　Flash 纸牌游戏《拉斯维加斯德州扑克》（http://www.solitaireonline.com/）

1.3　Flash 与网页游戏的发展

网页游戏（简称页游），又称 WebGame、端网游，是基于网页的游戏，是电子游戏的一种，一般不用下载客户端，任何一台能上网的计算机就可以进行游戏。与其他大型游戏比较，具有占用空间小、硬件要求低等特点。只需打开网页浏览器即可进入游戏，不存在机器配置不够的问题，最重要的是关闭或者切换极其方便，尤其适合上班族。其类型及题材也非常丰富，典型的类型有角色扮演、战争策略、社区养成、模拟经营、休闲竞技等。如图 1-8 所示是网页游戏《弹弹堂 3》。

图 1-8　网页游戏《弹弹堂 3》

中国网页游戏市场的快速发展始于 2010 年，其后的几年时间里都保持在 50%以上的增长率，2013 年我国网页游戏市场达到了 172.5 亿元人民币，据预测，到 2017 年将突破400 亿元人民币，如图 1-9 所示，越来越多的平台参与到网页游戏市场中来，产品更加丰富，用户的选择更加多样，整体行业的竞争性加强。其主要原因有两个，首先，客户端游戏用户处于饱和状态，以 70 后和 80 后为代表的中坚用户群体正在逐渐减少自己的游戏精力，部分用户从客户端游戏转向网页游戏维持自己的游戏娱乐；其次，大批互联网企业都相继进入网页游戏行业，其中以在线视频、社交网络、论坛社区等行业为主，他们利用网页游戏不断挖掘平台用户的消费能力，从而带动网页游戏市场规模进一步增长。从技术层面上分析，网页游戏的发展也是很大程度上有赖于 Flash 平台和 ActionScript 3.0技术的支持，尤其是 Flash Player10 推出之后，使得 Flash 网页游戏从技术上实现了对Opengl2.0 的 3D 图像库的支持，进而使网页游戏实现了对 3D 技术的支持。因此，Flash也就成了现在国内网页游戏的主要开发平台。

图 1-9　2011—2017 年中国网页游戏市场规模

数据来源于《2013-2014 年中国网页游戏行业研究报告》艾瑞网（http://www.iresearch.cn/）

1.4　Flash 与手机游戏的兴起

手机游戏是指在手机等各类手持硬件设备上运行的游戏类应用程序，需要具备一定硬件环境和系统级程序作为运行基础。早期的手机游戏由于受制于传统功能的手机 CPU 处理能力、屏幕分辨率、操作系统功能扩展性等因素，大多数属于界面简单、关卡短小的单机游戏，往往只是作为手机的附带功能而已。但是，随着以 iOS、Android、Windows Phone为主要平台（如图 1-10 所示）的智能手机日渐普及，以及移动互联网络的高速发展，手机游戏成为了市场增长率最快的游戏。根据艾瑞网（http://www.iresearch.cn/）发布的《2013年中国游戏产业报告》数据显示，2013 年中国手机游戏增长迅速，涨幅达 246%，用户数增长到 3.1 亿，市场实际销售收入达 112.4 亿元人民币。

针对移动智能设备的发展，Adobe 公司设计出了 Adobe AIR 来实现的跨平台应用，使其不再受限于不同的操作系统，可以直接在手机智能系统中浏览 AIR 多媒体程序，并且是比以往更低的资源占用、更快的运行速度和顺畅的动画表现。通俗来说，Adobe AIR

是利用 Flash 技术开发出来的应用于多种智能移动系统的播放平台。这个平台的主要功能就是让用户可以在不同的手机平台上观看到相同的媒体内容，也包括手机游戏，跟 Flash Player 的功能相似，但是更强大。游戏设计师可以在 Flash 平台上使用 ActionScript 3.0 来编写设计基于 AIR 的手机游戏，这些游戏最终都可以在 iOS、Android 等智能平台上运行。

Android   iOS   Windows Phone

图 1-10　主流三大智能手机操作系统

1.5　Flash 游戏的制作流程

游戏制作一般需要经过市场调研、客户需要、分析设计、制作开发、测试修改与发布运营等几个重要的环节，所涉及的开发团队分工明细，制作资源繁杂。其中，游戏设计的工作都离不开四个主要的元素：策划、程序、美工和音效。Flash 游戏的制作也大体遵循传统游戏的制作流程，但是由于 Flash 平台的灵活性和兼容性较好，一些复杂的制作可以适当简化，个别环节需要顺应 Flash 平台的特点作出一些优化及修改。Flash 游戏制作的基本流程大体有以下几个步骤。

1. 游戏概念设计

概念设计是完整而全面的设计过程，它通过设计概念将设计者繁复的感性和瞬间思维上升到统一的理性思维从而完成整个设计，是由分析用户需求到生成概念产品的一系列有序的、可组织的、有目标的设计活动。Flash 游戏制作在概念设计阶段第一步要明确游戏目标玩家，玩家定位决定了游戏的目的和难易程度。第二步，要明确游戏的主题，主题明确才能让玩家对游戏产生认同感和归宿感，例如，爱情主题、战争主题、虚幻主题等，很容易引起玩家的共鸣。主题的好坏直接影响到游戏场景、角色、故事和关卡的设定。第三步，要确定游戏的类型，类型确立是游戏开始深入设计的重要基础，它决定了游戏的交互模式和技术路线。第四步，确定游戏的规则，即游戏的基本玩法。游戏设计其实就是解决三个核心问题："给谁玩？"、"玩什么？"、"如何玩？"。"给谁玩？"就是要确立目标玩家，游戏主题就是决定了"玩什么？"，而游戏的规则设定就是实现了"如何玩？"。

2．绘制游戏流程架构图

在经过了概念设计的阶段后，接着可以尝试列出游戏提纲和绘制游戏流程架构图，用于设计与控制整个游戏的运作过程。流程图可以包括游戏的主菜单、帮助菜单、游戏设置、退出界面等要素，透过流程图可以清晰地展现玩家玩游戏的进程，从而可以帮助程序员将这些离散的界面进行整合（如图 1-11 所示）。

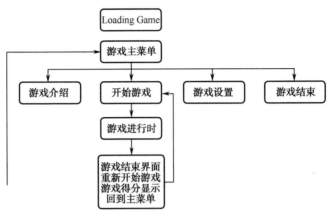

图 1-11　游戏流程架构图

3．游戏剧情及角色设计

交互性是游戏的核心之一，而游戏剧本在游戏开发设计中，起到了举足轻重的作用，游戏故事的交互发展是根据剧本来设计的。所以在进行 Flash 游戏设计时剧本是不可或缺的，当然不是所有游戏剧本都是有剧情的，这个要根据游戏的类型和主题来定，例如，RPG 游戏的剧情就非常丰富、跌宕起伏，那么剧本设计就要着眼于故事的交互性；而很多动作类游戏往往没有剧情只有一个故事框架而已，那剧本的设计就侧重于关卡的设计。另外，游戏的所有情节都是通过游戏中的角色贯通的，游戏角色的设计是促使玩家感兴趣的重要方面。Flash 的绘图工具可以为美工提供良好的角色设计平台，但在制作具体角色前，必须对角色的内涵特点进行设计，这个工作需要策划来完成，游戏美工只需根据策划对游戏角色的设定进行美术设计就可以了。

此外，游戏与玩家的交互设计在游戏定制中也起到举足轻重的作用。交互设计应规划和描述玩家和计算机双方面的行为方式，以及传达这种行为的有效形式和方法，从而使玩家和游戏、玩家和计算机达到最直接、最简便的交流。落实到具体的操作设计包括玩家使用按键或鼠标的行为设计、游戏界面中的按钮和热区设计、奖惩画面和音效设计等。游戏的奖惩措施是游戏与玩家交互性的体现。玩家通过阶段性的努力可以获得提高的积分排名、先进的装备和增强的生命值等奖励。在 Flash 互动游戏设计时，需要考虑"成功"、"进阶"、"排名"、"失败"的游戏画面和音乐应对玩家有所激励。

4．准备游戏素材

在游戏进入实质编程开发之前，需要对游戏素材进行收集、整理、制作和编辑，并列好资源清单。游戏的素材主要包括图形、图像、视频、声音和程序等。

由于 Flash 本身就是图形制作软件，所以可以在 Flash 中绘制大部分所需图形，但是

Flash 在许多图形绘制功能上不如专门的图形软件如 Illustrator、Freehand、CorelDRAW 等强大。好在 Flash 有很好的兼容性，能够实现软件之间的有效配合，设计人员可以在其他软件中做好图形后导入到 Flash 中使用。Flash 对图像的编辑非常有限，一般需要先在图像处理软件，如 Photoshop，中处理好后导入。由于网络游戏是通过显示器与玩家交流的，所以图像分辨率设成 72ppi、RGB 色彩模式即可，使图像文件在保证良好的显示质量的前提下尽可能小。否则，大而不当的图像不仅不会明显提高玩家的视觉感受，反而会降低游戏的网络传输及下载速度。

随着 Flash 版本的提高，Flash 对视频的导入越来越方便，例如，内建的 Sorenson Spark 编解码器，可以对视频的图像质量、关键帧间隔、色彩、尺寸、视频音频轨迹、压缩方式等方面进行调整。

Flash 可以实现对声音的导入并进行一定程度的编辑，可以导入的声音文件有 WAV 格式、MP3 格式、AIF 格式、AU 格式等，能够实现在声音编辑面板调整声音的左右声道、声音的淡入淡出、终止一段声音等操作。在 Flash Public Setting 发布面板，还可以对声音进行一定程度的压缩，从而减小 Flash 文件量。为了控制文件量，通常把一段与游戏适合的声音循环播放，玩家通过音乐开关来控制是否停止，也可以设计多种音乐并配以按钮供玩家选择。音效则是当事件触发响起，给玩家以提醒和警示。

▶5. 游戏的测试与发布

游戏程序编写基本完成以后，需要对程序反复调试。尽量组织多人全面地测试，查找程序中的 Bug，测试游戏性能。由于键盘和鼠标是玩家控制、操作游戏的主要途径，按键及其组合是否触发方便，玩家触发后的游戏反应动作是否流畅等，都会影响玩家与游戏的交互性，影响玩家的主观感受。程序员可以编写程序使玩家自定义按键，以满足玩家使用键盘的习惯。测试游戏的播放速度也是非常重要的。在进行界面设计时，为了提高游戏的播放速度需要考虑以下几个方面：减少复杂图形的使用或把复杂图形转换为图像；减少图形中的曲线和节点、渐变色、透明色；保证导入的图像或视频文件在满足可观性的前提下尽可能小；设置声音为单声道或降低采样频率，采用 MP3 压缩等。

上面就是一般 Flash 游戏的制作流程与规划方法，如果在制作游戏的过程中可以遵守这样的程序和步骤，那么制作过程就可以相对顺利一些。不过上面的步骤也不是一成不变的，可以根据实际情况来更改，只要不会造成游戏制作上的困难就可以。

◥本章小结

Flash 作为开发游戏的平台具有一定的优势，同样也存在着一些不足，毕竟它不是一个专门用于开发游戏的平台，所以在一些游戏交互设计方面需要兜一些弯路！但是瑕不掩瑜，本章已经对其优势进行了介绍，在后面的章节中会深入介绍 Flash 游戏开发的各种方式和方法。从某种意义来说，Flash 也是一个学习游戏设计开发很好的入门平台。

思考与拓展

在本章中已经向大家介绍了 Flash 游戏开发的基本流程，在还没有正式进入 Flash 脚本编程学习之前，可以参照开发流程，尝试设计一款属于你自己的 Flash 小游戏的概念和基本玩法，可以先设计好游戏的主题、玩法规则、流程框架，也可以先行使用 Flash 进行美工的设计，等到本书学习完毕，对 ActionScript 语言深入掌握之后，再将你设计的蓝图变为现实的游戏。一起行动吧！

第2章

Flash ActionScript 2.0 游戏基础

本章知识地图

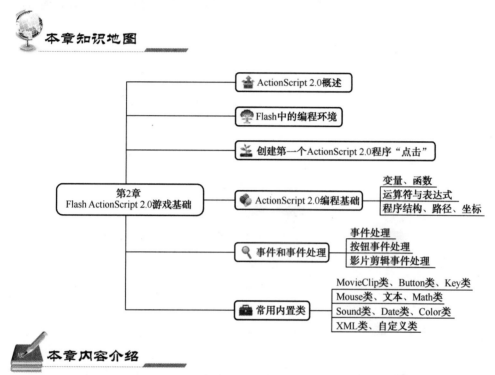

本章内容介绍

ActionScript 是 Flash 实现人机交互的必要手段，本章主要介绍 ActionScript 2.0 的基础知识，包括 AS2.0 的书写规范、书写位置、事件处理机制，以及常用内置类。通过本章的学习要知道将代码写在何处，学会如何写代码，掌握 AS2.0 的语言规范，理解 AS2.0 的事件处理机制，掌握 AS2.0 常用内置类的功能及用法，为编写复杂的游戏程序奠定坚实的基础。

2.1 ActionScript 2.0 概述

ActionScript 的中文译法是"动作脚本"，最初是 Macromedia（现已被 Adobe 公司收购）为其 Flash 产品开发的一种简单脚本语言，现在最新版本为 3.0，已经成为一种完全面向对象的编程语言，功能强大，类库丰富，语法类似 JavaScript，多用于 Flash 互动性、娱乐性、实用性开发，网页制作和 RIA 应用程序开发等。

ActionScript 是一种描述、规定动画中的对象如何表现、运动的命令序列，ActionScript 程序一般由语句、函数和变量组成，主要涉及变量、函数、数据类型、表达式和运算符等，它们是 ActionScript 的基石，程序可以由单一动作语句组成，也可以由一系列动作语句组成。

Flash 早期版本中的脚本非常简单，直到 Flash4 才具有了标准的程序结构，但是从一定程度上，Flash4 的 ActionScript 不能称为成熟的并且为开发者所承认的脚本语言集合。它的语法方式完全不同于 ECMAScript 标准。

真正的 ActionScript 到了 Flash5 才出现，ActionScript1.0 是从 Flash5 的时代诞生的，这时的版本就已经具备了 ECMAScript 标准的语法格式和语义解释。

ActionScript2.0 是在 MX 时代被慢慢引入的，并在 MX 2004 版本被开发者全面采纳。ActionScript2.0 的编写方式更加成熟，引入了面向对象编程的方式，有良好的类型声明，而且分离了运行时和编译时的异常处理。ActionScript2.0 在格式上遵从了 ECMA4 Netscape 的语言方案，但是并不是完全兼容 ECMAScript 标准。虽然基于 ActionScript2.0 的开发方式在众多开发者眼中褒贬不一，但不可否认的是，ActionScript2.0 为 ActionScript 3.0 的诞生铺设了一条康庄大道。

2.2 Flash 中的编程环境

2.2.1 "动作"面板

在 Flash 中，动作脚本的编写，都是在"动作"面板的编辑环境中进行。执行"窗口"→"动作"命令，或按 F9 键即调出"动作"面板。

动作面板包括 3 个部分，右侧是脚本窗格，左侧上半部分是动作工具箱，左侧下半部分是脚本导航器，如图 2-1 所示。

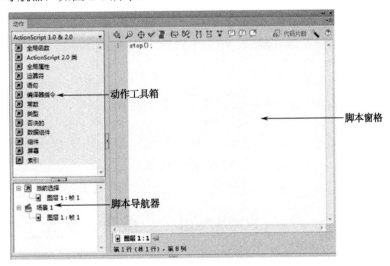

图 2-1　动作面板

通过脚本窗格可以输入和编辑脚本代码，在脚本窗格的上面是工具栏，编辑脚本时，便于随时使用。

在动作工具箱中，可以查找到所有可用的 ActionScript 动作、运算符、类等，用户可以根据需要，通过双击或拖曳其中的条目将其添加到右侧的脚本窗格中。

在 Flash 文件中凡是添加了脚本的位置都将在脚本导航器中显示出来，单击相应的项目，右侧的脚本窗格就会显示与该项目对应位置相关联的脚本。通过脚本导航器可以浏览、查找、定位整个 Flash 文件中的脚本代码。

在动作面板中添加语句有 4 种方法：

① 直接将命令施放到语句编辑窗口中；

② 双击所需的命令；

③ 单击带加号按钮中相应的命令；

④ 直接在语句编辑窗口中输入命令。

AS2.0 代码可以放置在如下地方。

① 关键帧。代码写在关键帧上，在帧上会有一个α出现，动作面板中也会提示当前选择的是关键帧。

② 按钮。选择一个按钮，按 F9 键打开动作编辑器，写入代码，按钮上的代码都是以 on 开始，比如 on(press)、on(release)...，如果不是以 on 开始则出错。

③ 影片剪辑。选择影片剪辑按 F9 键写入代码，写在影片剪辑上的代码必然是以 onClipEvent 或 on 开始的，否则就会出错。注意此处不是将代码写在影片剪辑中的帧上，如果要写在影片剪辑的关键帧上，则双击打开影片剪辑，选择影片剪辑的某帧按 F9 键写代码。

④ 动作脚本文件中的脚本，该文件的扩展名为.as。

2.2.2 "输出"面板

测试 Flash 文件时，输出面板会显示提示信息，有助于排除影片中的错误，如图 2-2 所示。除了用于检查错误外，输出面板还可以对脚本编写提供辅助功能，此时需要用到 trace 命令。

图 2-2 "输出"面板

2.3 创建第一个 ActionScript 2.0 程序"点击"

在此我们制作第一个 ActionScript 2.0 程序"点击"，界面效果如图 2-3 所示，当单击屏幕时，界面中会呈现点击的次数。

第一步，打开本书配套资源中的"2-1 素材.fla"文件，将"背景"元件拖放到主场景中，并将其实例名命名为 bg，参考效果界面，添加文字，其中场景中的"0"为动态文本，在属性面板的"选项"栏目中将动态文本的"变量"名设置为"count"，如图 2-4

所示，其余文字为静态文本。

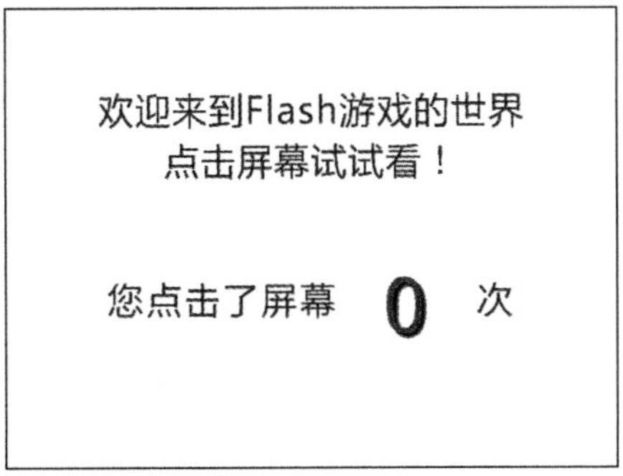

欢迎来到Flash游戏的世界
点击屏幕试试看！

您点击了屏幕 **0** 次

图 2-3 "点击"效果界面

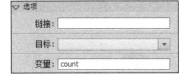

图 2-4 设置变量名

第二步，选中第 2 帧，按 F9 键打开动作面板，添加如下代码：

```
var count=0;
bg.onMouseDown = function()
{
    count++;
}
```

第三步，按下 Ctrl+Enter 组合键测试影片，当单击屏幕时，会发现界面中呈现点击的次数。

2.4 ActionScript 2.0 编程基础

2.4.1 变量

▶1．变量的声明

变量是用于存储程序中变化的值的，当定义变量后计算机在内存中为变量分配一定的临时存储空间，其功能相当于生活中存放东西的容器。变量的值可以是数值、字符串、逻辑值、表达式、对象，以及动画片段等。

变量一般由变量名和变量值构成，变量名可以区分各个不同的变量，变量值可以确定变量的类型与大小。要声明变量，必须将 var 关键帧和变量名结合使用，可以通过在变量名后面追加一个后跟变量类型的冒号（:）来指定变量类型，例如，声明一个 int 类型的变量 i 的语句如下：

```
var i:int;
```

▶2．变量的赋值

可以使用赋值运算符（=）为变量赋值，例如，声明一个变量 i 并将值 10 赋给它：

```
var i:int;
i=10;
```

也可以在声明变量的同时为变量赋值，例如：

```
var i:int=10;
```

如果要声明多个变量，可以使用逗号运算符（,）来分隔变量，例如，在一行中声明3个变量：

```
var a:int, b:int, c:int;
```

2.4.2 函数

函数是用于对常量和变量等进行某种运算的方法，是一种能够完成一定功能的代码块，也称为方法，在脚本中可以被反复的调用。

函数要先定义后才能使用，函数分为系统函数和自定义函数，系统函数是 Flash 提供的函数，可以直接使用。自定义函数是用户根据需要自行定义的函数，可以有返回值也可以无返回值，若有返回值，由命令 return 完成。

定义函数的语法格式如下：

```
function 函数名（参数 1，参数 2，……）{
    函数体;
}
```

注：函数名遵循变量命名规则，函数体可以是一条语句或多条语句，参数可有可无，用于给函数传递值。在函数被调用时提供函数名()或函数名(参数)。

2.4.3 运算符与表达式

运算符是能够提供对数值、字符串、逻辑值进行运算的关系符号，包括算术运算符、字符串运算符、逻辑运算符和赋值运算符等。

用运算符将运算对象连接起来的、符合 ActionScript 语法规则的式子，称为 Flash 表达式。运算对象包括常量、变量、函数等。例如：

```
a*b/c-2.6+100
```

在一个表达式后面加上分号";"以后就构成一个语句，这种语句叫做表达式语句。例如：

```
3*2/3;
```

2.4.4 程序结构

程序结构体现了问题的逻辑关系，在处理实际问题时必须使用恰当的程序结构，在 ActionScript 中常用的程序结构有顺序结构、分支结构、循环结构等。

顺序结构是最基本的程序结构，即按照代码的书写顺序执行相应的语句。

ActionScript 提供了两个可以用来控制程序流的基本分支语句:if 语句和 switch 语句。

其中，if 语句又包括 3 种不同的用法：if、if…else、if…else if。switch 语句通常还要配合 break 语句一同使用。

循环结构可以使一段代码重复执行，完成重复性的工作，当然，在运行时还需要对循环进行一定的控制。ActionScript 中的循环语句分为两大类，一类是 while 和 do…while 语句，另一类是 for、for…in 和 for each…in 语句，此外，循环语句还需要合理使用 continue 和 break 语句，来对循环进行控制。

无论是分支语句结构还是循环语句结构，根据逻辑关系和需要都可以进行嵌套使用。

2.4.5 路径

点运算符（.）用来连接对象与嵌套在对象中的子对象，以及访问对象与对象的属性和方法，用这种方法体现出来的对象的层次关系和位置关系称为对象的路径。

以“_root”开始的路径即相对于主时间轴的路径称为绝对路径。“_root”是 AS 中用来代表主时间轴的关键字。

相对路径是目标对象相对于 AS 所在对象的路径。对于主时间轴来说，相对路径不需要使用_root。“this”表示当前对象（AS 所在对象）自身。

2.4.6 坐标

Flash 中的坐标系与数学的坐标系不同，Flash 主场景中的坐标系与影片剪辑中的坐标系也不同[1]。

主场景的坐标系：主场景的坐标系是以主场景的左上角为坐标原点（0,0），主场景的中心点坐标为文档宽、高的一半，X 轴的正方向向右延伸，Y 轴的正方向向下延伸。

影片剪辑的坐标系：影片剪辑的坐标系是以场景正中央的“+”号为坐标原点（0,0），X 轴的正方向向右延伸，Y 轴的正方向向下延伸。

2.5 事件和事件处理

2.5.1 事件处理

1. 事件

在 Flash 中，经常需要对一些情况进行响应，如鼠标的运动、用户的操作等，这些情况统称为事件。Flash 中的事件包括用户事件和系统事件两类。用户事件是指用户直接与计算机交互操作而产生的事件，如单击按钮或敲击键盘等由用户的操作所产生的事件。系统事件是指 Flash Player 自动生成的事件，它不是由用户生成的，如动画播放到某一帧或影片剪辑被加载到内存。

---

1 杨萍，《Flash 动画制作》坐标系与坐标计算

2. 事件处理

事件处理系统是交互式程序设计的重要基础。利用事件处理机制，可以方便地响应用户输入和系统事件。制定为响应特定事件而执行的某些动作的技术称为事件处理。事件处理程序是与特定对象和事件关联的动作脚本代码。

事件处理函数：当某种事件发生时，该函数被自动调用执行。于是，事件发生并被捕捉，称为函数执行的诱因，构成人机交互的整个过程。利用事件处理函数，可以将事件处理程序添加在关键帧上。

在 ActionScript 2.0 中，事件的处理包含如下 3 个要素。

① 事件源：事件源即发生事件的对象，如影片的浏览者单击了某个按钮，那么这个按钮就是事件源。在 Flash 中，产生事件的对象主要是按钮和影片剪辑，当这些对象有事件发生时，可以被我们捕捉到。

② 事件：事件是对象发生的事情，如影片的浏览者在输入文本框中输入了字母 a，则输入字母 a 这个行为就是事件。

③ 响应：当计算机识别了检测的事件源发生的事件时，通常会根据程序执行一些操作，这些操作被称为事件的响应，处理事件即响应事件，如用户输入 a 和 b，并单击了一个按钮时，计算机根据代码的要求，输出字符串 ab。

事件处理函数的基本结构如下：

```
对象.事件处理函数的名称 = function() {
    函数体 //用户编写的程序代码，对事件做出响应
}
```

添加事件处理函数的步骤如下。

① 选中场景中的实例对象，定义它的实例名称。

② 选中要添加代码的关键帧，在"动作"面板中添加事件处理程序代码。

2.5.2 按钮事件处理

处理按钮事件有两种方法，一种是在按钮的"动作"面板中使用 on 结构的代码直接处理按钮事件，一种是在关键帧中通过事件处理函数处理按钮事件。

1. 按钮事件

在按钮的"动作"面板中输入"on("，在随后出现的代码提示列表中列出了按钮能够响应的事件，如表 2-1 所示。

表 2-1　按钮事件

事　件	说　明
press	在按钮上按下鼠标左键
release	在按钮上按下鼠标左键并释放
releaseOutside	在按钮上按下鼠标左键后将鼠标指针移出按钮并释放左键

续表

事 件	说 明
rollOver	鼠标指针滑过按钮
rollOut	鼠标指针滑出按钮区域
dragOver	在按钮上按下鼠标左键后将鼠标指针移出再移入按钮区域
dragOut	在按钮上按下鼠标左键后将鼠标指针移出按钮区域
keyPress ("key")	按下指定的键。对于此参数的 key 部分,需指定键控代码或键常量

实例制作　　　　　　　按钮事件的应用

本实例将在按钮上添加 AS 代码,实现单击对象时对象右移 10 像素。

第一步,打开"2-2 素材.fla",将"btn_fish"从库中拖放到主场景的合适位置,并将实例命名为"fish"。

第二步,选中按钮"fish",按下 F9 键打开"动作"面板,在其中添加如下代码:

```
on (press) {
    this._x += 10;
}
```

第三步,测试影片,单击"fish"对象,"fish"右移 10 像素。

2. 按钮事件处理函数

事件处理函数不同于事件,事件是被捕捉到的对象的动作,按钮和影片剪辑的事件可以被 on 和 onClipEvent 捕捉。事件处理函数是事件被捕捉到时要调用的函数。on 结构可以捕捉到的按钮事件中的大多数在 Button 类中都有对应的事件处理函数,但两者并不是一一对应的关系。Button 类的事件处理函数,如表 2-2 所示。

表 2-2　Button 类的事件处理函数

事件处理函数	说 明
Button.onPress	在按钮上按下鼠标左键时调用
Button.onRelease	在按钮上按下鼠标左键并释放时调用
Button.onReleaseOutside	在按钮上按下鼠标左键然后将鼠标移动到按钮外部并释放左键时调用
Button.onRollOver	当鼠标指针从按钮外移到按钮上时调用
Button.onRollOut	当鼠标指针从按钮上移到按钮外时调用
Button.onDragOver	在按钮外按下鼠标左键然后将鼠标指针拖到按钮上时调用
Button.onDragOut	在按钮上按下鼠标左键然后将鼠标指针拖出按钮外时调用
Button.onKeyDown	当按下键时调用
Button.onKeyUp	当释放按键时调用
Button.onKillFocus	当从按钮移除焦点时调用
Button.onSetFocus	当按钮具有输入焦点而且释放某按键时调用

 **实例制作**　　　　　　　　　按钮事件处理函数的应用

本实例将使用按钮事件处理函数实现"2-2"的效果，实现单击对象时对象右移 10 像素。

第一步，打开"2-3 素材.fla"，将"btn_fish"从库中拖放到主场景的合适位置，并将实例命名为"fish"。

第二步，选中时间轴上的第 1 帧，按下 F9 键打开"动作"面板，在其中添加如下代码：

```
fish.onPress = function()
{
    this._x += 10;
};
```

第三步，测试影片，单击"fish"对象，"fish"右移 10 像素。

2.5.3　影片剪辑事件处理

▶ 1. 影片剪辑事件

影片剪辑的事件处理机制与按钮类似，并且按钮能够响应的事件也能被影片剪辑响应。按钮事件主要是由鼠标和键盘的动作引起的，而影片剪辑的事件除了可以由鼠标和键盘引起，还可以由影片剪辑自身的加载和播放行为引起。

在影片剪辑的"动作"面板中输入"onClipEvent("，在随后出现的代码提示列表中列出了影片剪辑能够响应的事件，如表 2-3 所示。

表 2-3　影片剪辑事件

事　件	说　　明
load	影片剪辑被加载并显示在时间轴中
unload	影片剪辑被删除并从时间轴中消失
enterFrame	影片剪辑帧频不断触发的动作
mouseMove	移动鼠标
mouseDown	按下鼠标左键
mouseUp	释放鼠标左键
keyDown	按下键盘上的键，使用 Key.getCode()获取有关最后按下的键的信息
keyUp	放开键盘上的键
data	当在 loadVariables()或 loadMovie()方法中接收数据时启动此动作

 **实例制作**　　　　　　　　　影片剪辑事件的使用

本实例将在影片剪辑上添加 AS 代码，实现鼠标按下对象放大，鼠标释放对象缩回原先大小。

第一步，打开"2-4 素材.fla"，将"fish"从库中拖放到主场景的合适位置，并将实例命名为"fish"。

第二步，选中"fish"对象，按下 F9 键打开"动作"面板，在其中添加如下代码：

```
onClipEvent (MouseDown) {
    this._xscale += 30;
    this._yscale += 30;
}
onClipEvent (MouseUp) {
    this._xscale -= 30;
    this._yscale -= 30;
}
```

第三步，测试影片，鼠标单击"fish"对象，"fish"变大，释放鼠标"fish"缩回原先大小。

▶2. 影片剪辑事件处理函数

影片剪辑对应的 MovieClip 类的事件处理函数，如表 2-4 所示。

表 2-4　影片剪辑对应的 MovieClip 类的事件处理函数

事件处理函数	说　　明
MovieClip.onLoad	当影片剪辑被实例化并显示在时间轴上时调用
MovieClip.onUnload	在影片剪辑被从时间轴上删除后的第 1 帧中调用
MovieClip.onEnterFrame	以 SWF 文件的帧频持续调用
MovieClip.onMouseMove	每次移动鼠标时调用
MovieClip.onMouseDown	当按下鼠标左键时调用
MovieClip.onMouseUp	当释放鼠标左键时调用
MovieClip.onKeyDown	当按下按键时调用。使用 Key.getCode()和 Key.getAscii()方法可获取关于最后所按键的信息
MovieClip.onKeyUp	当释放按键时调用
MovieClip.onData	当所有数据都加载到影片剪辑中时调用
MovieClip.onPress	按下鼠标左键时调用
MovieClip.onRelease	释放鼠标左键时调用
MovieClip.onReleaseOutside	在影片剪辑上按下鼠标左键然后将鼠标移出并释放左键时调用
MovieClip.onRollOver	当鼠标指针滚过影片剪辑时调用
MovieClip.onRollOut	当鼠标指针滚动到影片剪辑区域之外时调用
MovieClip.onDragOver	在影片剪辑外按下鼠标左键然后将鼠标指针拖到影片剪辑上时调用
MovieClip.onDragOut	在影片剪辑上按下鼠标左键然后将鼠标指针拖出影片剪辑时调用
MovieClip.onSetFocus	当影片剪辑具有输入焦点而且释放某按键时调用
MovieClip.onKillFocus	当从影片剪辑移除焦点时调用

实例制作　　　　　　　　影片剪辑事件处理函数的应用

本实例将使用影片剪辑事件处理函数实现"2-4"的效果，实现鼠标按下对象放大，鼠标释放对象缩回原先大小。

第一步，打开"2-5 素材.fla"，将"fish"从库中拖放到主场景的合适位置，并将实例命名为"fish"。

第二步，选中时间轴上的第1帧，按下F9键打开"动作"面板，在其中添加如下代码：

```
fish.onMouseDown = function()
{
    this._xscale += 30;
    this._yscale += 30;
};
fish.onMouseUp = function()
{
    this._xscale -= 30;
    this._yscale -= 30;
};
```

第三步，测试影片，鼠标单击"fish"对象，"fish"变大，释放鼠标"fish"缩回原先大小。

2.6　常用内置类

2.6.1　MovieClip 类

影片剪辑是 Flash 中使用最广泛的一种元件，也是 AS 中最重要的一个对象，MovieClip 类管理着影片剪辑的属性、方法和事件，无须使用构造函数方法即可调用 MovieClip 类的方法，只需按名称引用影片剪辑实例即可，例如，my_mc.play();。

实例制作　　　　　　　　灭蚊行动

本实例将通过使用 MovieClip 类的 attachMovie()、removeMovieClip()方法实现灭蚊效果，蚊子在场景中随机出现，鼠标单击蚊子，蚊子消失。

第一步，打开"2-6 素材.fla"，将"蚊子"元件的 AS 链接名设置为"mosquito"。

第二步，选中时间轴上的第1帧，按下F9键打开"动作"面板，在其中添加如下代码：

```
var i = 0;
_root.onEnterFrame = function()
{
    if (i % 10 == 0)
    {
```

```
                //每10帧附加一个实例，以此控制生成实例的速度
                _root.attachMovie("mosquito","mosquito"+i,i);
                //"mosquito"+i 为新产生的蚊子的实例名，i 为实例深度
        }
        _root["mosquito"+i]._x = 10 + 550 * Math.random();
        //Math 类的 random 方法返回 0 至 1 之间的一个随机数
        _root["mosquito"+i]._y = 400;
        _root["mosquito"+i].onEnterFrame = function()
        {
            this._y -= 5;
            if (this._y < -10)
            {
                this.removeMovieClip();
            }
            //超出边界后自动删除
        };
        _root["mosquito"+i].onPress = function()
        {
            this.removeMovieClip();
            //影片剪辑实例被单击时自动删除
        };
        i++;
    };
```

第三步，测试影片，场景中出现的蚊子不停地往上飞，单击蚊子，蚊子会消失。

本实例中，使用 onEnterFrame 事件处理函数，使程序以 SWF 文件的帧频持续调用，实现获取蚊子及蚊子移动的效果。

attachMovie()方法用来附加影片剪辑，该方法不依靠舞台上现有的影片剪辑实例，而是直接将库中的元件添加到动画场景中，通过 attachMovie()方法添加到场景中的元件必须具有链接标识符。attachMovie()使用方法如下：

```
mc.attachMovie(idName, newName, depth);
```

idName：库中要附加到舞台上某影片剪辑的影片剪辑元件的 AS 链接名。

newName：附加到该影片剪辑的影片剪辑实例的唯一名称。

depth：一个整数，指定 SWF 文件所放位置的深度级别。

removeMovieClip()方法用于删除动态创建的影片剪辑实例，用法如下：

```
mc. removeMovieClip(); //该语句将删除实例 mc
```

2.6.2 Button 类

Flash 文件中的所有按钮元件都是 Button 对象的实例，可以在属性检查器中指定按钮的实例名称，并通过动作脚本使用 Button 类的方法和属性来操纵按钮。

2.6.3 Key 类

通过使用 Key 类，可以检测某个键何时被按下，以便在 Flash 影片中做某些事情。

Key 类有 6 个方法和 2 个事件处理方法。键盘是按钮和影片剪辑事件的主要来源之一，按钮和影片剪辑主要通过 onKeyDown()和 onKeyUp()这两个侦听器来侦听键盘事件。当键盘事件发生时，所按键的代码被捕捉到，并可以通过 Key 类的 getCode()或 getAscii()方法来判断具体按下的是哪个键。

实例制作　　　　　　　　　　**键盘控制对象的移动**

本实例将借助 Key 类的 getCode()方法实现通过键盘上的"↑↓←→"键控制"fish"对象的移动。

第一步，打开"2-7 素材.fla"，将"fish"元件拖放到主场景中的合适位置，并将其实例命名为"fish"。

第二步，选中时间轴上的第 1 帧，按下 F9 键打开"动作"面板，在其中添加如下代码：

```
_root.onKeyDown = function()
{
    switch (Key.getCode())
    {
        case Key.Up :
            fish._y -= 5;
            fish._xscale = fish._yscale -= 5;
            break;
        case Key.Down :
            fish._y += 5;
            fish._xscale = fish._yscale += 5;
            break;
        case Key.Left :
            fish._x -= 5;
            break;
        case Key.Right :
            fish._x += 5;
            break;
    }
};
Key.addListener(_root);
```

第三步，测试影片，按下键盘上的"↑"键 fish 对象上移 5 个像素并缩小，按下键盘上的"↓"键 fish 对象下移 5 个像素并放大，按下键盘上的"←"键 fish 对象左移 5 个像素，按下键盘上的"→"fish 对象右移 5 个像素。

注意：_root 对象可以通过事件处理函数 onMouseMove、onMouseDown 和 onMouseUp 来响应鼠标动作，但是不能通过 onKeyDown 和 onKeyUp 来响应键盘动作。这是因为，

_root 对象不在 Key 类的侦听器列表中。要使它能接收和处理键盘事件，必须将其注册成键盘对象的侦听器。要将_root 注册为键盘对象的侦听器，可以使用 Key 类的 addListener 方法，如下所示：

```
_root.onKeyDown = function() {
    trace(Key.getCode()); };
Key.addListener(_root);//用 addListener 方法注册侦听器
```

这样，_root 就成为了 Key 类的侦听器，可以接收和处理键盘上的 keyDown 事件。

2.6.4 Mouse 类

Mouse 类是不通过构造函数即可访问其属性和方法的顶级类，Mouse 类提供与鼠标相关的事件、方法和属性，Mouse 类没有属性成员。可以使用 Mouse 类的方法来隐藏和显示 SWF 文件中的鼠标指针。默认情况下鼠标指针是可见的，但是可以将其隐藏并实现用影片剪辑创建自定义指针。Mouse 类的方法如表 2-5 所示，Mouse 类的侦听器如表 2-6 所示。

表 2-5　Mouse 类的方法

方　　法	说　　明
Mouse.addListener()	注册一个对象以接收 onMouseDown、onMouseMove 和 onMouseUp 通知
Mouse.hide()	隐藏 SWF 文件中的鼠标指针
Mouse.removeListener()	删除用 addListener()注册的对象
Mouse.show()	在 SWF 文件中显示鼠标指针

表 2-6　Mouse 类的侦听器

方　　法	说　　明
Mouse.onMouseDown	按下鼠标按钮时获得通知
Mouse.onMouseMove	移动鼠标按钮时获得通知
Mouse.onMouseUp	释放鼠标按钮时获得通知
Mouse.onMouseWheel	当用户滚动鼠标滚轮时获得通知

2.6.5 文本

文本是绝大多数 Flash 游戏不可缺少的部分，在 Flash 中可以使用三种类型的文本：静态文本、动态文本和输入文本。默认情况下创建的文本是静态文本，动态文本是可以用 AS 管理的基本文本类型，输入文本用来接收用户输入，其内容也可以由 AS 控制。

当创建一个动态文本或输入文本字段时，实际上就是在创建一个 TextField 对象。动态文本和输入文本都是 TextField 类的实例，TextField 类的属性和方法可以用来控制动态文本和输入文本。

使用 TextFormat 类可以将文本格式应用到 TextField 对象的内容，要为一个文本字段中指定位置的文本应用文本格式，首先需要创建一个 TextFormat 类的对象，可以用构造函数来实现。例如，创建一个不带参数而调用的构造函数，可以使用如下代码：

```
var textFormatter:TextFormat=new TextFormat();
```

一旦用上面的方法定义了 TextFormat 对象，就可以定义它的各个属性值了，然后可以用 TextField 类的 setTextFormat()方法或 setNewTextFormat()方法将 TextFormat 对象应用到文本，从而使文本具有 TextFormat 对象所包含的格式属性。

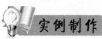 **实例制作**　　　　　　　　　　**打字游戏**

本实例将制作打字游戏，在输入文本框中输入文本，如果输入的文本与屏幕上呈现的文本一致，正确按键次数加 1，如果不一致错误次数加 1。界面显示效果如图 2-5 所示。

第一步，打开"2-8 素材.fla"文件，参考图 2-5，新建动态文本框 T_Letter（用于显示字母）、输入文本框 T_Input（用于显示键盘输入的字母）、动态文本框 T_WrongTimes（用于记录错误按键次数）、动态文本框 T_RightTimes（用于记录正确按键次数），将新建的文本框放置在合适的位置。

图 2-5　打字游戏界面

第二步，选中时间轴上的第 1 帧，按下 F9 键打开"动作"面板，在其中添加如下代码：

```
var Right = 0;//记录正确的输入次数
var Wrong = 0;//记录错误的输入次数
setText();
function setText()
{
    var ascii = int(Math.random() * 26) + 65;
    //A 的 ASCII 码值为 65，Z 的 ASCII 码值为 90
    T_Letter.text = String.fromCharCode(ascii);
    //返回一个字符串，该字符串由参数中的 Unicode 字符代码所表示的字符组成。
    T_Input.text = "";
    T_RightTimes.text = Right;
    T_WrongTimes.text = Wrong;
}
_root.onKeyUp = function()
{
    var temp = T_Input.text.toUpperCase();
    //toUpperCase 返回此字符串的一个副本，其中所有小写的字符均转换为大写字符。
    if (T_Letter.text == temp)
    {
        Right++;
```

```
    }
    else
    {
        Wrong++;
    }
    setText();
};
Key.addListener(_root);
```

上述代码中，分别定义了变量 Right、Wrong 用于分别记录用户正确、错误的输入次数，并通过 AS 代码分别赋值给 T_WrongTimes.text、T_RightTimes.text 使其显示在屏幕中。setText()函数用于产生 A 至 Z 共 26 个字母。本游戏侦听 onKeyUp 事件处理函数，当释放按键时，程序检测用户输入的文本是否与屏幕显示的文本一致，如果一致变量 Right 加 1，如果不一致变量 Wrong 加 1。

第三步，测试影片。用户可以通过键盘输入字母，如果输入的字母与屏幕中显示的一致，正确次数加 1，如果不一致错误次数加 1。

2.6.6　Math 类

Math 类是一个顶级类，它的所有属性和方法都是静态的。使用 Math 类的方法和属性可以访问和处理数学常数和函数。

在 Math 类的方法中取随机数的 random()方法使用频率很高。在应用程序中创建随机数是一个重要特性，对游戏程序来说，它允许每次玩时都有所不同。它是所有纸牌游戏或纸牌风格游戏的本质，无论编写什么样的随机应用程序，都需要学习使用 Math 类的 random()方法。random()方法是 Math 类唯一不接受任何参数的方法，该方法返回一个在 0 至 1 之间并包括 0 的浮点值。用任何其他数字简单地乘以返回的值，就可以返回一个在 0 和那个数字之间的值。其一般用法如下：

```
var randomFloat:Number=Math.random()*n;
```

如果要产生一个不是从 0 开始的某个范围的随机数，只需要将开始的值加在等式的后面即可。例如，想使用 10 至 50 之间的随机数，可以使用如下代码：

```
var randomFloat:Number=Math.random()*40+10;
```

如果需要使用随机整数，可以将 random()方法和 floor()方法一起使用来产生随机整数，例如下面的代码：

```
var randomInteger:Number=Math.floor(Math.random()*40);
```

在这个例子中，表达式的右边会返回一个在 0 至 9 之间的随机整数值。

2.6.7　Sound 类

Sound 类可以控制影片中的声音，可以在影片正在播放时从库中向该影片剪辑添加

声音，并控制这些声音。在调用 Sound 类的方法之前，必须使用构造函数 new Sound()
创建 Sound 对象。例如，下面的代码创建一个 Sound 对象 mySound：

```
var mySound=new Sound();
```

在 Flash 中使用 Sound 对象有 4 个基本的步骤。
① 将一个音频文件设置成从库中导出，或者创建一个单独的 MP3 文件。
② 创建一个新的 Sound 对象。
③ 将音频文件附加（或加载）到 Sound 对象。
④ 控制声音的回放、音量、循环等。

Sound 类的方法提供对声音对象的全方位控制，包括对声音的载入、控制和调节的
全过程。Sound 类的 start()方法用于播放声音，stop()方法用于停止声音。Sound 类的
attachSound()方法将库中被设置为导出的声音附加到指定的 Sound 对象中，被附加到
Sound 对象中的声音必须调用 start()方法才能开始播放。Sound 类的 loadSound()方法在运
行时将 MP3 文件加载到 Flash 影片中。

2.6.8　Date 类

Date 类对创建保存日期和时间信息的对象提供了大量的控制，用以获取相对于操作
系统的日期和时间值，或者相对于通用时间（格林尼治平均时间）的日期和时间值。Date
类的方法用来从 Date 对象中提取系统时间或系统时间对应的通用时间中的具体信息，如
年、月、日、天数、星期、小时、分、秒、毫秒等，或者用来设置指定 Date 对象的具体
信息。

在使用 Date 类之前，需要使用构造函数创建 Date 对象。如果想要创建一个包含
当前本地日期和时间的 Date 对象，可以使用不带参数的 Date 构造函数方法，代码如
下所示：

```
var myDate=new Date();
```

如果要创建特定时间（不是当前时间）的 Date 对象，可以用如下代码：

```
var myDate=new Date(year, month [, date [, hour [, minute [, second [, millisecond ]]]]]);
```

　　year：一个 0 与 99 之间的值，表示 1900 年至 1999 年；如果年份不在上述范围内，
则必须指定表示年份的所有 4 位数字。

month：从 0（一月）与 11（十二月）之间的整数。

date：从 1 与 31 之间的整数。此参数是可选的。

hour：从 0（午夜）与 23（深夜 11 点）之间的整数。

minute：从 0 与 59 之间的整数。此参数是可选的。

second：从 0 与 59 之间的整数。此参数是可选的。

millisecond：从 0 与 999 之间的整数。此参数是可选的。

 实例制作 　　制作倒计时牌

本实例将制作倒计时牌，显示当前日期距离 2015 年元旦的天数，界面显示效果如图 2-6 所示。

图 2-6　制作倒计时牌界面

第一步，打开"2-9 素材.fla"文件，参考图 2-6，在场景中添加静态文本框、动态文本框，动态文本框用于显示天数，选中动态文本框，在"属性"面板的"选项"栏设置其变量名为"days"，如图 2-7 所示。

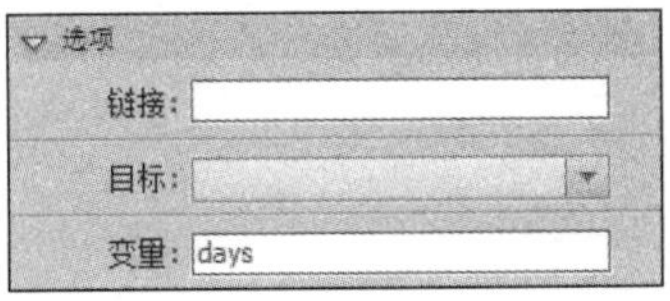

图 2-7　设置变量名

第二步，选中时间轴上的第 1 帧，按下 F9 键打开"动作"面板，在其中添加如下代码：

```
var newYearDay = new Date(2015, 0, 1);
//以 2015 年 1 月 1 日创建一个 Date 对象
onEnterFrame = function ()
{
    now = new Date();
    //取得当前时间
    today = new Date(now.getFullYear(), now.getMonth(), now.getDate());
    //取得当前时间中的日期以创建一个 Date 对象
    days = (newYearDay.getTime() - today.getTime()) / 1000 / 60 / 60 / 24;
    //计算并显示两个 Date 对象相距的天数
};
```

第三步，测试影片，界面中会显示当前日期距离元旦的天数。

2.6.9　Color 类

通过 Color 类，可以设置影片剪辑的 RGB 颜色值和颜色转换，并可以在设置后获取

这些值。必须使用构造函数 new Color()创建 Color 对象后，才可调用其方法。如果要为 target 参数指定的影片剪辑创建 Color 对象，可以使用如下格式：

```
myColor=new Color(target);
```

创建对象后，即可使用该 Color 对象的方法来更改整个目标影片剪辑的颜色。如果要为影片剪辑 mc 设定其 RGB 颜色，可以使用如下代码：

```
myColor= new Color(mc);
myColor.setRGB(0xRRGGBB);
```

其中 0xRRGGBB 是要设置的十六进制或 RGB 颜色。对于 RR、GG、BB，每种代码都由两个十六进制数字组成，这些数字指定每种颜色成分的偏移量，0x 告知动作脚本编译器该数字是十六进制数值。如果要将影片剪辑 mc 的 RGB 颜色设置为红色，可以使用如下代码：

```
myColor.setRGB(0xFF0000);
```

2.6.10　XML 类

XML（可扩展标记语言）是一种共享和交换数据的标准，由于它极大的灵活性和方便性，在存储和表示数据方面占据了巨大的优势。为了在 Flash 中有效地使用 XML，就需要 XML 类。

XML 类提供了访问 XML 文档的途径，使用点语法和 XML 对象的属性可以方便地访问 XML 文档中的具体数据。要使用 XML 对象，必须要先创建 XML 对象的实例，如下所示：

```
var myXML= new XML();
```

此时创建一个空的 XML 对象，也可以在创建的时候指定 XML 文本，该文本将被转换成 XML 文档树，并填充到创建的 XML 对象中，例如：

```
var myXML = new XML("<state>California<city>san francisco</city></state>");
```

此时创建一个 XML 对象，指定的 XML 文本被解析成 XML 文档树填充该 XML 对象。

XML 类的方法主要用来处理 XML 文档树及其节点。XML 类的属性主要用来访问 XML 文档树及其节点的信息。XML 类有两个集合 attributes 和 childNodes，childNodes 集合返回一个包含指定节点所有属性的关联数组，attributes 集合返回一个包含对指定节点的子级节点的引用数组。

2.6.11　自定义类

在 Flash 中，自定义类是在 AS 文件中实现的，在 Flash CS6 中执行"文件"→"新建"命令，打开"新建文档"页面，如图 2-8 所示，选择"ActionScript 文件"，即可打开一个脚本窗口，脚本窗口用来定义类。

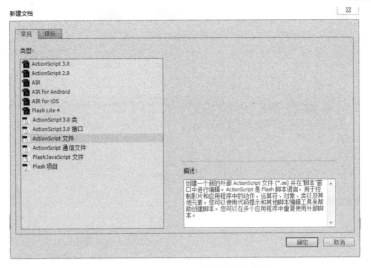

图 2-8　Flash CS6 新建文档页面

关键字 class 用来定义类，最简单的类定义由关键字 class、类名和一对花括号组成，如下所示：

```
class car
{

}
```

这里定义了一个类 car，没有为它定义属性和方法。执行"文件"→"保存"命令即可保存类文件，保存文件时，文件名要与类名一致（包括大小写），因此对于类 car，必须保存为 car.as。关于自定义类的使用将在第 5 章进行详细介绍。

本章小结

本章主要介绍 ActionScript 2.0 的基础知识，通过本章的学习可以为后续制作 Flash 游戏打下基础。在本章中，很多知识是需要记忆的，比如变量的定义、函数的一般格式、常用内置类的使用方法等，希望通过本章的学习能够对 ActionScript 2.0 有深入的认识，顺利完成后续游戏案例的制作。

思考与拓展

1. ActionScript 2.0 中如何定义变量？函数的一般格式如何表示？
2. 什么是事件处理？按钮事件与按钮事件处理函数有什么不同？
3. onEnterFrame 事件处理函数的作用是什么？
4. 如何通过 Key 的方法检测按下了哪个键？
5. 如何创建 Sound 对象？

第3章

益智类游戏：甜品师学习之旅

本章知识地图

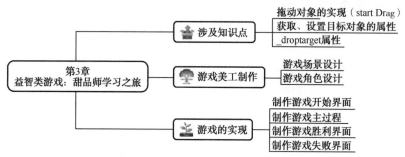

本章内容介绍

本章将制作游戏"甜品师学习之旅"，要求玩家在规定的时间内完成汉堡包的拼装。本章涉及的知识点有 startDrag() 与 stopDrag() 的使用、getProperty() 与 setProperty() 的使用、_droptarget 属性值的使用等知识。通过本游戏的制作，学会拖动对象、获取与设置对象属性值的方法、_droptarget 属性值的使用技巧、掌握游戏中影片剪辑元件、按钮元件的制作技巧、学会游戏计分的方法，能够制作出类似的游戏。

3.1 游戏概述

3.1.1 游戏设计理念

"甜品师学习之旅"是一款单机休闲类游戏，适合儿童及青少年玩家，主要考验玩家的手眼反应能力。游戏操作简单，玩家将蔬菜、鸡蛋、牛肉、面包片拖动到正确的位置，游戏即可完成。

3.1.2 游戏规则设定

1. 游戏操作说明

本游戏主要通过鼠标进行操作，鼠标单击右上角的食材，把相应的食材拖动到虚线的汉堡包上。

▶2．游戏规则

在游戏限定的时间内，玩家可以自由拖动右上角的食材，屏幕实时显示玩家完成情况，如果玩家将食材放置到正确的位置，玩家即可通关，如果在限定时间内玩家没有将食材放置到正确的位置，玩家任务失败，游戏结束。

3.1.3　游戏关卡设计

本游戏设定有若干个关卡，不同关卡的场景不同，食材的数量和种类不同，需要玩家完成数量不同。

3.2　游戏涉及相关知识

▶1．拖动对象的实现（startDrag）

在游戏制作的过程中，需要将蔬菜、鸡蛋等食材进行拖动，可以使用 startDrag()方法拖动对象，使用 stopDrag()方法停止拖动对象。startDrag()方法的用法如下：

```
startDrag (target,[lock ,left , top , right, bottom])
```
target　是要拖动的影片剪辑的目标路径。

lock　是一个布尔值，指定可拖动影片剪辑是锁定到鼠标位置中央（true），还是锁定到用户首次单击该影片剪辑的位置上（false），此参数是可选的。

left、top、right、bottom　是相对于影片剪辑父级坐标的值，这些值指定该影片剪辑的约束矩形，这些参数是可选的。

startDrag()方法一次只能使一个对象是可拖动的，执行了 startDrag()操作后，影片剪辑将保持可拖动状态，直到用 stopDrag() 明确停止拖动为止，或直到对其他影片剪辑调用了startDrag() 动作为止。如果要创建用户可以放在任何位置的影片剪辑，可将startDrag()和 stopDrag()动作附加到该影片剪辑内的某个按钮上，如下所示：

```
on (press) {
    startDrag(this,true);
}
on (release) {
    stopDrag();
}
```

▶2．获取、设置目标对象的属性

使用 getProperty()方法可以获取影片剪辑指定属性的值，当需要设置影片剪辑的属性值时可以使用 setProperty()方法。

例如，要获取影片剪辑 my_mc 的水平轴坐标_x，并将其分配给变量 my_mc_x，可以使用以下语句：

```
my_mc_x = getProperty(_root.my_mc, _x);
```

getProperty()方法的完整用法如下：

getProperty(my_mc, property)

其中，my_mc 是要获取其属性的影片剪辑的实例名称，property 是影片剪辑的属性。例如，使实例名为 my_mc 的影片剪辑的_x 属性值为 100，可以使用以下语句：

setProperty("my_mc", _x, 100);

setProperty()方法的完整用法如下：

setProperty(target, property, value/expression)

其中，target 是要设置其属性的影片剪辑实例名称的路径，property 指的是所要设置的属性，可以设置_alpha（透明度）、_x（x 坐标）、_y（y 坐标）等，value 是属性的新值，expression 指的是计算结果为属性新值的公式。

▶3. _droptarget 属性

_droptarget 属性返回 MovieClip 放置到的影片剪辑实例的绝对路径，返回以斜杠（/）开始的路径。

3.3 游戏的开发过程

本游戏分为 6 个流程：①创建项目，②游戏美工制作，③绘制程序流程图，④解决游戏关键问题，⑤实现游戏，⑥调试游戏程序、发布游戏产品。

3.3.1 第一步：创建项目

打开 Flash CS6 之后，执行"文件"→"新建"命令，系统将探出"新建文档"窗口，如图 3-1 所示。在"新建文档"窗口中选择"ActionScript 2.0"，然后单击"确定"按钮，将进入新文档的操作界面，如图 3-2 所示。

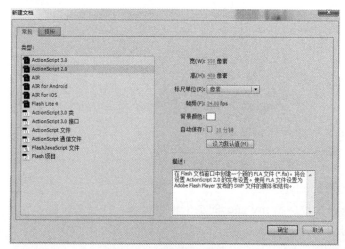

图 3-1　新建文档窗口

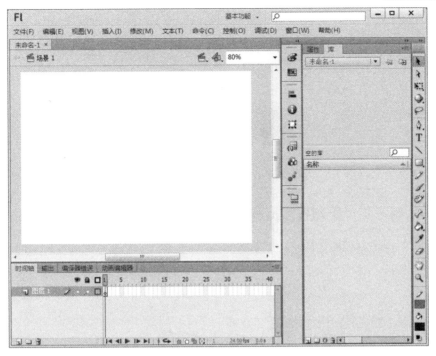

图 3-2　新建文档操作界面

3.3.2　第二步：游戏美工制作

▶1. 游戏场景设计

本游戏是一款休闲类游戏，在设计游戏场景时，采用卡通的唯美风格，场景的大小采用 800px*600px，本游戏的场景有游戏开始界面场景、游戏主场景，如图 3-3 和图 3-4 所示，本游戏的场景预先通过 Photoshop 软件设计好，导入到 Flash 库中使用。

图 3-3　游戏开始界面场景

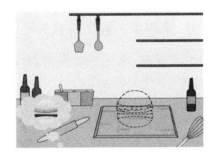
图 3-4　游戏主场景

▶2. 游戏角色设计

本游戏的主要角色是汉堡包，角色的设计采用卡通风格。汉堡包有两种状态，第一种是分拆状态，如图 3-5 所示，第二种是玩家完成状态，如图 3-6 所示。本游戏中的角色是在 Flash 中制作元件，设计完成。

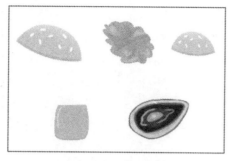
图 3-5 分拆状态

图 3-6 完成状态

3.3.3 第三步：绘制程序流程图

本游戏的程序流程图如图 3-7 所示。

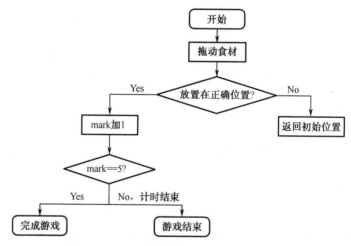

图 3-7 "甜品师学习之旅"游戏程序流程图

3.3.4 第四步：解决游戏关键问题

在制作游戏前，首先要知道完成该游戏的关键点，找到解决的方法。要实现本游戏，需要解决以下几个关键问题。

问题 1：如何实现鼠标按下能拖动鸡蛋、蔬菜、牛肉、面包片，鼠标释放停止拖动？

解决方法：首先制作食材元件，将食材元件从库中拖放到场景中，使用 startDrag() 方法实现食材的拖动，使用 stopDrag() 方法实现停止拖动，需要在食材元件中的按钮上添加如下代码：

```
on (press) {
    startDrag("", true);
}
on (release) {
    stopDrag();
}
```

问题 2：如何实现鼠标松开时，食材放置的位置不对时返回原处，正确时放在该位置？

解决方法：鼠标松开时，实现食材放置的位置不对时返回原处，可以使用 getProperty() 与 setProperty() 方法实现。首先使用 getProperty() 方法获取食材的原始位置，如果放置的位置不对，使用 setProperty() 方法将获取的位置信息赋值给食材。

实现将食材放置在正确的位置，需要用到影片剪辑的_droptarget 属性。首先将汉堡包的各个部分放在汉堡包的虚线上并设置 alpha 值为 0，当鼠标释放时，检测食材的_droptarget 属性，如果放置在正确的位置上了，则将汉堡包相应部分的 alpha 值设置为 100，同时设置食材的坐标值，将食材放在场景外。需要在食材元件中的按钮上添加如下代码：

```
on (press) {
    _root.hx = getProperty("", _x);
    _root.hy = getProperty("", _y);
}
on (release) {
    if ("/" + _name eq _droptarget)
    {
        setProperty(_droptarget, _alpha, "100");
        setProperty("", _x, "1000");
    }
    else
    {
        setProperty("", _x, _root.hx);
        setProperty("", _y, _root.hy);
    }
}
```

问题 3：如何实现食材全部放到正确的位置时游戏跳转到完成界面？

解决方法：本游戏中，需要将蔬菜、鸡蛋、牛肉、两个面包片共五个食材放置在正确位置，全部完成后游戏跳转到完成界面，要实现这一效果，可以借助一个变量 mark，每完成一个食材 mark 加 1，当 mark==5 时，游戏跳转到完成界面。首先在关键帧上定义变量 mark，然后在食材元件中的按钮上添加如下代码：

```
on (release) {
    _root.mark++;
    if (_root.mark == 5)
    {
        _root.play();
    }
}
```

问题 4：游戏有时间限制，游戏时间到，游戏结束，如何限定游戏时间？

解决方法：设定游戏的时间，可以使用动态文本和 setInterval() 方法共同实现，用到的代码如下所示：

```
stop();
var hx = 0;
var hy = 0;
var time = 50;
var mark = 0;
function timer()
{
    time--;
    if (time == 0)
    {
        gotoAndPlay(4);
    }
}
timerID = setInterval(timer, 500);
```

3.3.5　第五步：实现游戏

1. 游戏元件制作

（1）汉堡各部分元件的制作。

本游戏中，要将汉堡的各个部分放置到相应的虚线框中完成汉堡的拼图，如图 3-8 所示，因此需要将汉堡的各个部分分别制作出元件，游戏中需要"vegetable"、"egg"、"pork" 和 "bread" 4 个影片剪辑元件，完成后的效果如图 3-9 所示。

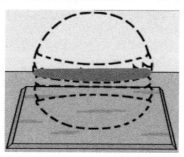

图 3-8　汉堡虚线框

图 3-9　汉堡各部分的影片剪辑效果

（2）食材按钮元件（以蔬菜元件的制作为例）。

本游戏中，需要制作食材按钮元件，并将按钮元件放置到影片剪辑中，影片剪辑元件制作完成后将代码放置在食材按钮元件上，最终实现食材可以拖动。

执行"新建"→"元件"命令，选择"按钮"，元件名称为"btn_vegetable"，设计蔬菜角色，在蔬菜按钮元件中设置了两种状态：弹起和鼠标经过，如图 3-10、图 3-11 所示。

同样的步骤，制作其他食材的按钮元件。

图 3-10 弹起的状态

图 3-11 鼠标经过的状态

（3）食材影片剪辑元件（以蔬菜元件的制作为例）。

执行"新建"→"元件"命令，选择"影片剪辑"，元件名为"mc_vegetable"，将
"btn_vegetable"按钮元件拖放到影片剪辑中，完成蔬菜影片剪辑的制作。同样的步骤，
制作其他食材的影片剪辑元件。

（4）制作汉堡动画元件。

新建影片剪辑元件，元件名为"flash_hamburger"，完成汉堡动画的制作，汉堡动画
的三种状态如图 3-12 所示。

图 3-12 汉堡动画的三种状态

（5）游戏开始按钮。

新建按钮元件，元件名为"btn_start"，完成开始按钮的制作。

2．制作游戏开始界面

主场景中，在第 1 帧完成游戏开始界面的制作，将制作好的游戏开始界面场景图片
导入到库中，新建影片剪辑元件"bg_start"，将导入后的位图从库中拖放到"bg_start"
中，完成开始界面场景的制作。在第 1 帧中添加"stop();"，将"bg_start"元件、"btn_start"
元件拖放到主场景中，在"btn_start"按钮实例上添加如下代码：

```
on (press) {
    gotoAndPlay(2);
}
```

3．制作游戏主过程（以蔬菜的制作为例）

（1）新建关键帧，放置游戏场景。

插入关键帧，将游戏场景"bg_game"从库中拖放到主场景中，并在第 2 帧中添加如
下代码：

```
stop();
var hx = 0;
```

```
var hy = 0;
var mark = 0;
```

（2）将汉堡各部分的影片剪辑放置到恰当的位置。

将"vegetable"、"egg"、"pork"、"bread"4 个影片剪辑元件从库中拖放到主场景中，放置在恰当的位置，完成后的效果如图 3-13 所示。将相应的影片剪辑实例命名为"vegetable"、"egg"、"pork"、"bread1"和"bread2"，并将各实例的 alpha 值设置为 0，设置完成后的效果如图 3-8 所示。

图 3-13　汉堡各部分合成后的效果

（3）实现食材的可拖动及拖放位置的检测。

将"mc_vegetable"、"mc_egg"、"mc_pork"、"mc_bread"4 个元件从库中拖出放置到适当的位置，并将相应实例命名为"vegetable"、"egg"、"pork"、"bread1"和"bread2"，完成后的效果如图 3-14 所示，为每一个影片剪辑实例中的按钮添加如下代码：

```
on (press) {
    startDrag("", true);
    _root.hx = getProperty("", _x);
    _root.hy = getProperty("", _y);
}
on (release) {
    stopDrag();
    if ("/" + _name eq _droptarget)
    {
        setProperty(_droptarget, _alpha, "100");
        setProperty("", _x, "1000");
        _root.mark++;
        trace(_root.mark);
        if (_root.mark == 5)
        {
            _root.play();
        }
    }
```

```
    else
    {
        setProperty("", _x, _root.hx);
        setProperty("", _y, _root.hy);
    }
    trace(_droptarget);
}
```

图 3-14　各影片剪辑放置后的效果

（4）设定游戏时间。

本游戏设定的游戏时间是 25s，游戏时间到，游戏跳转到第 4 帧。要实现此效果，首先要在第 2 帧中添加一个动态文本，并在动态文本的"选项"属性中设置"变量"为"mark"，然后在第 2 帧添加如下代码：

```
var time = 50;
function timer()
{
    time--;
    if (time == 0)
    {
        gotoAndPlay(4);
    }
}
timerID = setInterval(timer, 500);
```

▶4. 制作游戏胜利界面

新建关键帧，将游戏场景"bg_win"、"flash_hamburger"从库中拖放到主场景中，放置在恰当的位置，并在第 3 帧中添加"stop();"，完成游戏胜利界面。

▶5. 制作游戏失败界面

新建关键帧，将游戏场景"bg_lose"从库中拖放到主场景中，并在第 4 帧中添加"stop();"，完成游戏失败界面。

本章小结

　　"甜品师学习之旅"是一款简单的休闲类游戏，本游戏在美工设计时采用卡通的唯美风格，以此来吸引玩家，在本游戏中，拖动食材、检测食材是否放置在正确的位置是实现游戏的关键。

　　在 ActionScript 2.0 中，使用 startDrag()方法可以实现对象的拖动，使用 stopDrag()方法可以停止拖动对象，使用 getProperty()方法可以获取对象的属性值，使用 setProperty()方法可以为对象设置属性值，使用对象的_droptarget 属性，可以得到 MovieClip 放置到的影片剪辑实例的绝对路径，以此来检测影片剪辑有没有放置到正确的位置。

思考与拓展

　　1．如何实现对象的拖动与停止拖动？

　　2．如何获取目标对象的属性，如何将属性设置给目标对象？

　　3．通过本章的学习，自己设计游戏场景、游戏角色，完成一个类似"甜品师学习之旅"的游戏。

动作类游戏：小鸟出窝

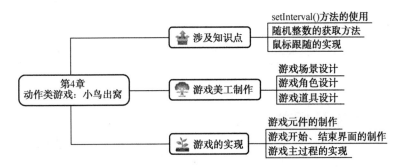

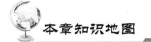

本章内容介绍

本章将制作游戏"小鸟出窝"。小鸟随机从窝里出来，玩家必须用网兜捕捉小鸟，在规定的关卡和时间内，尽量多地捕捉小鸟。本章涉及的新知识点有 setInterval()方法的使用、随机数的获取、鼠标跟随的实现等知识。通过本游戏的制作，应该学会使用 setInterval()方法设置时间间隔、使用 Math.random()方法获取随机数值、使用 startDrag()方法实现鼠标跟随，掌握游戏中小鸟元件的制作方法，学会游戏中计分的方法，掌握"小鸟出窝"游戏的制作技巧。

"小鸟出窝"属于单机版休闲类游戏，休闲游戏以轻薄短小的精致游戏类型为主，操作简单，上手快，耗时少，因此成为许多玩家（尤其是上班族）乐意接受的休闲娱乐方式。制作休闲类游戏时，游戏界面和游戏玩法的设计比较重要。

4.1 游戏概述

4.1.1 游戏设计理念

"小鸟出窝"是一款单机休闲类游戏，适合任何年龄段的玩家，主要考验玩家的手眼反应能力。游戏操作简单，小鸟为了觅食，从鸟窝里出来，当看到小鸟从一个个鸟窝中探出脑袋，玩家使用网兜进行捕捉，力求一网打尽。

4.1.2　游戏规则设定

▶ 1．游戏操作说明

本游戏主要通过鼠标进行操作，鼠标的移动控制网兜的移动，单击鼠标左键网兜捕鸟。

▶ 2．游戏规则

游戏限定关卡的时间，不同关卡时间不一样，在关卡限定时间内，玩家可以自由用网兜捕捉小鸟，网兜一次可以捕捉一只小鸟，屏幕实时显示玩家捕捉小鸟的数量和漏捕的数量。如果捕捉数量到达关卡规定数量，玩家即可通关。如果关卡时间结束，玩家未达到关卡规定捕捉数量或者途中漏捕数量到达到阀值，玩家任务失败，游戏结束。

4.1.3　游戏关卡设计

本游戏设定有若干个关卡，不同关卡的场景不同，小鸟的数量和种类不同，需要玩家捕捉的数量不同。

44 ▽ 4.2　游戏涉及相关知识

▶ 1．setInterval()方法的使用

setInterval()的作用是在播放 SWF 文件时，每隔一定的时间，就调用函数、方法或对象，使用它可以在一段时间内重复执行任何函数。该函数返回一个间隔 ID（标识），该 ID 可以被用于停止该间隔。下面是 setInterval()与一个函数一起使用时的语法：

```
setInterval(functionName, interval [, param1, param2, ..., paramN])
functionName 是要调用的函数名。
Interval 是连续两次调用函数的时间间隔（以毫秒为单位）。
param1, param2, ..., paramN 是传递到函数的参数。
```

例如：定义两个事件处理函数并分别调用它们。对 setInterval() 的两次调用的结果都是每隔 1000 毫秒就向"输出"面板发送字符串 "interval called"。对 setInterval() 的第一个调用将调用 callback1() 函数，该函数包含 trace() 动作。对 setInterval() 的第二个调用将 "interval called" 字符串作为参数传递给函数 callback2()。

```
function callback1() {
    trace("interval called");
}
function callback2(arg) {
    trace(arg);
}
setInterval( callback1, 1000 );
setInterval( callback2, 1000, "interval called" );
```

使用 clearInterval()方法可以停止 setInterval()的调用，clearInterval()使用一个单独的参数，即应该被清除的间隔的 ID，使用下面的代码可以停止一个间隔：

clearInterval(intervalID);

例如：先设置一个间隔调用，然后将其清除：

```
function callback() {
        trace("interval called");
}
var intervalID;
intervalID = setInterval( callback, 1000 );
clearInterval( intervalID );
```

▶2. 随机整数的获取方法

创建随机数是在程序中经常用到的，对于游戏程序来说，它允许每次玩时都有所不同，特别是应用于纸牌游戏或纸牌风格的游戏。要获取随机数值，就要用到 Math 类的 random()方法，该方法返回 0 至 1 之间的浮点值，包括 0。用任何其他数字乘以 Math.random()就可以产生一个在 0 和那个数字之间的值。

例如：获取 0 至 9 之间的随机数，可以使用如下语句：

```
var randomFloat:Number = Math.random() * 9;
```

但在许多情况下都想使用整数值，可以将 random()方法和 floor()方法联合起来，以获取随机整数。floor()方法返回小于等于指定数字或表达式最接近的整数。

例如：获取 0 至 9 之间的随机整数，可以使用如下语句：

```
var randomInteger:Number = Math.floor(Math.random() * 9);
```

▶3. 鼠标跟随的实现

在游戏制作的过程中，经常要将鼠标指针替换成自定义的图形，可以使用 startDrag()方法或者设置 MovieClip 对象的_x 属性和_y 属性匹配鼠标指针的坐标实现鼠标跟随，使用 Mouse.hide()方法和 Mouse.show()方法可以实现鼠标的隐藏与显示。

Mouse.hide()方法是在整个 Flash 影片中隐藏鼠标指针图标，当调用了该方法后，鼠标指针就再也看不见了，直到调用 Mouse.show()方法之后，才看得见鼠标指针。

可以使用 startDrag()方法使影片剪辑跟随鼠标运动，例如，使实例名为 my_mc 的对象跟随鼠标移动就可以使用以下语句：

my_mc.startDrag();

startDrag()方法的完整用法如下：

my_mc.startDrag([lock, [left, top, right, bottom]])

lock 是一个布尔值，指定可拖动影片剪辑是锁定到鼠标位置中央 (true)，还是锁定到用户首次单击该影片剪辑的位置上 (false)，此参数是可选的。

left、top、right、bottom 相对于影片剪辑父级坐标的值，这些值指定该影片剪辑的约束矩形，这些参数是可选的。

startDrag()方法一次只能使一个对象是可拖动的，如果调用其他 MovieClip 对象的 startDrag() 方法，之前的 MovieClip 对象就会停止移动。所以，最好使用 MovieClip.onMouseMove()事件处理方法并且更新_x 属性和_y 属性，设置 MovieClip 对象的_x 属性和_y 属性匹配鼠标指针的_xmouse 属性和_ymouse 属性即可。

例如：通过如下代码可以使用自定义的鼠标指针图标：

```
my_mc.onMouseMove = function()
{
    Mouse.hide()
    this._x = _xmouse;
    this._y = _ymouse;
};
```

4.3 游戏的开发过程

本游戏分为 6 个流程：①创建项目，②游戏美工制作，③绘制程序流程图，④解决游戏关键问题，⑤实现游戏，⑥调试游戏程序、发布游戏产品。

4.3.1 第一步：创建项目

打开 Flash CS6 之后，执行"文件"→"新建"命令，系统将弹出"新建文档"窗口，如图 4-1 所示。在"新建文档"窗口中选择"ActionScript 2.0"，然后单击"确定"按钮，将进入新文档的操作界面，如图 4-2 所示。

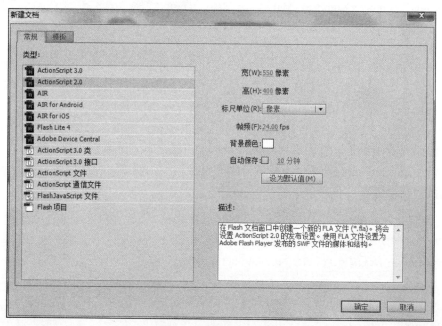

图 4-1 "新建文档"窗口

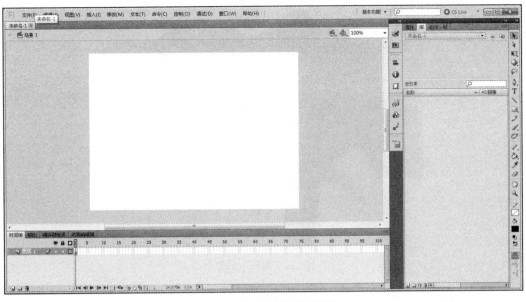

图 4-2　新建文档操作界面

4.3.2　第二步：游戏美工制作

▶ 1. 游戏场景设计

"小鸟出窝"游戏的故事背景是在一棵古老的大树上，有许多鸟在这棵树上筑巢，小鸟为了觅食，从鸟窝里出来，玩家用网兜打击小鸟。本游戏是一款休闲类游戏，在设计游戏场景时，采用卡通的唯美风格，场景的大小采用 550px*400px，本游戏的场景有游戏开始界面场景、游戏主场景，如图 4-3、图 4-4 所示。本游戏的场景预先通过 Photoshop 软件设计好，导入到 Flash 库中使用。

图 4-3　游戏开始界面

图 4-4　游戏主场景

▶2. 游戏角色设计

　　本游戏的主要角色是小鸟，角色的设计采用卡通风格，小鸟有两种状态，第一种是小鸟默认的状态，如图 4-5 所示，第二种是玩家打中小鸟的状态，如图 4-6 所示，本游戏中的角色是在 Flash 中制作元件，设计完成。

图 4-5　小鸟默认的状态　　　　　　　图 4-6　打中小鸟的状态

▶3. 游戏道具设计

　　本游戏中用到的道具主要是打击小鸟的网兜，网兜有两种状态，第一种是随意移动时的状态，第二种是敲下时的状态，如图 4-7、图 4-8 所示。本游戏的道具是在 Flash 中制作元件，设计完成。

图 4-7　网兜的默认状态　　　　　　　图 4-8　网兜捕捉时的状态

4.3.3　第三步：绘制程序流程图

本游戏的程序流程图如图 4-9 所示。

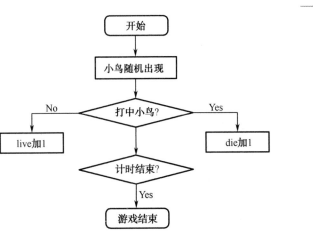

图 4-9 "小鸟出窝"游戏程序流程图

4.3.4 第四步：解决游戏关键问题

在制作游戏前，首先要知道完成该游戏的关键点，找到解决的方法，要实现本游戏，需要解决如下几个关键问题。

问题 1：游戏中小鸟是随机从鸟窝中出现的，短暂的停留后又回到鸟窝，这一过程如何实现？

解决方法：本游戏中将小鸟角色制作成按钮元件 bird，并将小鸟"出窝→停留→回窝"的过程制作成一个影片剪辑元件 birdmc，使用遮罩动画实现小鸟的"出窝→停留→回窝"，如图 4-10 所示。小鸟的随机出现，使用了 Math.random()方法，在元件 birdmc 的第 1 帧，添加语句 gotoAndPlay(Math.floor((Math.random() * 50) + 2));，当把小鸟元件 birdmc 从库中拖放到场景中时，就会实现不同的小鸟实例在鸟窝中停留不同的时间，进而实现小鸟随机出现的效果。

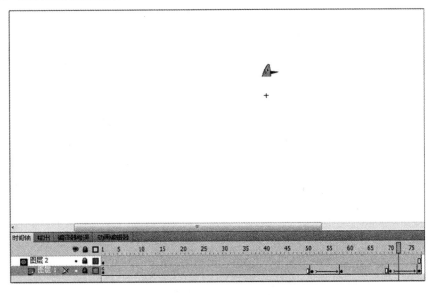

图 4-10 小鸟元件的制作过程

问题2：如何实现网兜跟随鼠标移动？

解决方法：首先制作网兜元件hammer，将网兜元件hammer从库中拖出放置在场景中，并且设置网兜的_x属性和_y属性匹配鼠标指针的_xmouse属性和_ymouse属性，实现鼠标跟随。使用到的代码如下：

```
_root.onEnterFrame = function()
{
    hammer._x = _root._xmouse;
    hammer._y = _root._ymouse;
    Mouse.hide();
};
```

问题3：游戏有时间限制，游戏时间到，游戏结束，如何限定游戏时间？

解决方法：设定游戏的时间，可以用动态文本和setInterval()方法共同实现，使用到的代码如下：

```
var gametime = 30;
function setTime()
{
    gametime--;
    if (gametime == 0)
    {
        gotoAndPlay(3);
    }
}
setInterval(setTime,1000);
```

问题4：网兜捕获小鸟后，会出现小鸟眩晕的状态，这一过程如何实现？

解决方法：在小鸟元件birdmc中呈现两种状态，第一种状态是小鸟"出窝→停留→回窝"的动画过程，第二种状态是打中小鸟的动画过程，如图4-11所示，通过ActionScript脚本实现两种状态的切换。当锤子打中小鸟时，调用打中小鸟的动画，bird按钮中添加的代码如下：

```
on (press) {
    gotoAndPlay("die");
    _root.hammer.play();
}
```

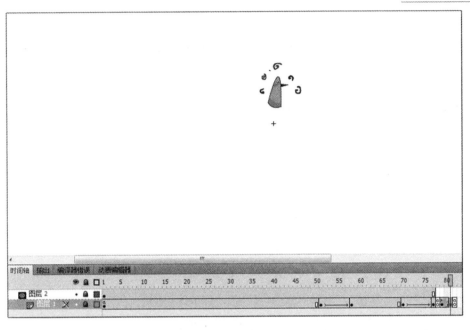

图 4-11　添加打中效果后的小鸟元件

问题 5：游戏过程中会记录下打中小鸟的个数、放过小鸟的个数，如何实现计分？

解决方法：记录打中小鸟的个数、放过小鸟的个数，可以用动态文本的方式实现，计分的代码添加在小鸟元件中，没打中，live 值加 1，打中 die 值加 1。

在小鸟元件中第 76 帧添加的代码如下：

```
_root.live++;
gotoAndPlay(1);
```

在小鸟元件中第 80 帧添加的代码如下：

```
_root.die++;
gotoAndPlay(1);
```

4.3.5　第五步：实现游戏

▶ 1. 游戏元件制作

（1）小鸟按钮元件 bird。

本游戏中，在 bird 按钮实例上添加代码，实现打中小鸟的效果。新建 ActionScript 文档，执行"新建"→"元件"命令，选择"按钮"，元件名称为"bird"，设计小鸟角色。

（2）小鸟影片剪辑元件 birdmc。

影片剪辑元件 birdmc 中主要完成小鸟"出窝→停留→回窝"的过程，影片剪辑在第 2 与 51 帧之间随机播放及打中小鸟的动画。

执行"新建"→"元件"命令，选择"影片剪辑"，元件名为"birdmc"，将 bird 按钮拖放到场景中，在第 51 帧按 F6 键插入关键帧，在第 58 帧按 F6 键插入关键帧，并将 bird 按钮实例在场景中上移 50px，在第 51 至 58 帧间创建"传统补间"，在第 70 帧按 F6

键插入关键帧，在第 77 帧按 F6 键插入关键帧，并将 bird 按钮实例下移 50px，在第 70 至 77 帧间创建"传统补间"，在第 1 帧按 F9 键打开"动作"面板，添加代码 "gotoAndPlay(Math.floor((Math.random() * 50) + 2));"。新建图层 2，在图层 2 中绘制形状，能够遮罩住 bird 按钮实例，将图层 2 转换为"遮罩层"，至此完成小鸟"出窝→停留→回窝"的过程，实现影片剪辑在第 2 与 51 帧之间随机播放，完成后的效果如图 4-12 所示。

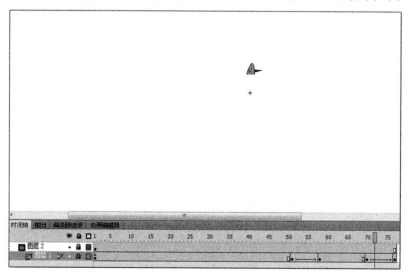

图 4-12　小鸟元件的制作过程

在第 78 帧按 F7 键插入空白关键帧，并在此帧添加代码"gotoAndPlay(1);"，在第 79 帧按 F6 键插入关键帧，复制第 70 帧的 bird 按钮实例，并在第 79 帧执行"粘贴在此次"命令，粘贴 bird 按钮实例，并绘制小鸟眩晕的效果，在第 81 帧按 F6 键插入关键帧，编辑小鸟眩晕的效果，在第 82 帧按 F7 键插入空白关键帧，并添加代码"gotoAndPlay(1);"。选择第 79 帧，在"属性"面板中，设置其帧标签为"die"，并设置声音为"sound"，至此完成打中小鸟的动画制作，完成后的效果如图 4-13 所示。

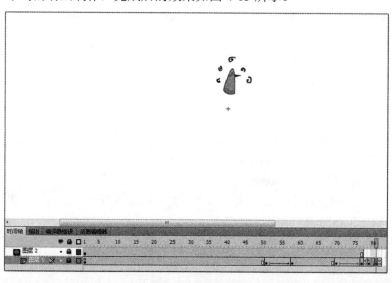

图 4-13　添加打中效果后的小鸟元件

选中第 58 帧上的 bird 按钮实例，按 F9 键打开"动作"面板，添加如下代码：

```
on (press) {
    gotoAndPlay("die");
    _root.hammer.play();
}
```

（3）网兜影片剪辑元件 hammer。

执行"新建"→"元件"命令，选择"影片剪辑"，元件名为"hammer"，绘制网兜，在第 2 帧按 F7 键插入空白关键帧，绘制网兜敲下的状态，在第 1 帧添加代码"stop();"，让网兜元件停留在第 1 帧，直到通过代码调用才会播放第 2 帧。

（4）游戏标题元件 title、Play 按钮、RePlay 按钮。

执行"新建"→"元件"命令，选择"影片剪辑"，元件名为"title"，制作标题元件。执行"新建"→"元件"命令，选择"按钮"，元件名为"Play"，制作 Play 按钮元件，同样的步骤制作 RePaly 按钮，名称为"RePaly"。

2. 制作游戏开始界面

主场景中，在第 1 帧完成游戏开始界面的制作，将图层 1 重命名为"场景"，将制作好的游戏开始界面场景图片导入到库中，并将导入后的位图从库中拖放到 Flash 场景中。新建图层，命名为"bird"，将游戏标题元件 title、Play 按钮从库中拖放到 Flash 场景的合适位置，将按钮实例命名为"btn_play"。新建图层，命名为"AS"，在图层"AS"的第 1 帧添加如下代码：

```
stop();
btn_play.onRelease = function()
{
    gotoAndPlay(2);
}
```

第 1 帧完成后的界面如图 4-14 所示。

图 4-14 第 1 帧完成后的界面

▶3．制作游戏主过程

在"场景"图层第 2 帧按 F7 键插入空白关键帧，将制作好的游戏主场景图片导入到库中，执行"新建"→"元件"命令，选择"影片剪辑"，元件名为"background"，将导入后的位图从库中拖放到场景中，返回 Flash 主场景，将元件"background"拖放到 Flash 场景中，将实例命名为"bg"。在"bird"图层第 2 帧按 F7 键插入空白关键帧，将"birdmc"元件拖放到 Flash 场景中的合适位置，共在场景中放置 9 个实例，将网兜从库中拖放到 Flash 场景中，将实例命名为"hammer"。

在"bird"图层第 2 帧添加 3 个动态文本，分别将其变量名命名为"gametime"、"live"和"die"，并为三个动态文本绘制相应的装饰图案，完成后的界面如图 4-15 所示。

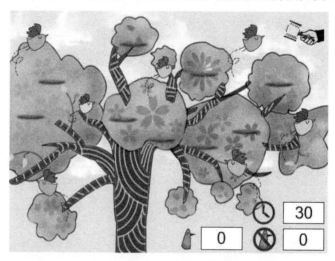

图 4-15　第 2 帧完成后的界面

将各元素放置好后，在图层"AS"的第 2 帧添加如下代码：

```
stop();
var live = 0;
var die = 0;
_root.onEnterFrame = function()
{
    hammer._x = _root._xmouse;
    hammer._y = _root._ymouse;
    Mouse.hide();
};
bg.onPress = function()
{
    hammer.play();
};
var gametime = 30;
var setTimeID;
function setTime()
```

```
{
    gametime--;
    if (gametime == 0)
    {
        gotoAndPlay(3);
    }
}
setTimeID = setInterval(setTime, 1000);
```

在第 2 帧的代码中，定义了实现计分的变量 live 和 die，但尚未实现计分效果，因此需要编辑 birdmc 元件，在元件的第 78 帧添加代码 "_root.live++;"，在第 82 帧添加代码 "_root.die++;" 至此，计分效果完成。

▶4. 制作游戏结束界面

在"场景"图层第 3 帧按 F7 键插入空白关键帧，将元件"background"拖放到 Flash 场景中，并调整实例的 alpha 为 26%，淡化整体效果。在"bird"图层第 3 帧按 F7 键插入空白关键帧，将第 2 帧的"live"动态文本、"die"动态文本复制并粘贴在第 3 帧，将"RePlay"按钮从库中拖放到 Flash 场景的合适位置，并将按钮实例命名为"btn_replay"，第 3 帧完成后的界面如图 4-16 所示。

图 4-16　第 3 帧完成后的界面

将各元素放置好后，在图层"AS"的第 3 帧添加如下代码，完成第 3 帧的制作：

```
stop();
delete onEnterFrame;
Mouse.show();
btn_replay.onRelease = function()
{
    gotoAndPlay(1);
```

```
    };
```

4.3.6　第六步：调试游戏程序，发布游戏产品

在发布产品之前，需要对软件进行调试，找出代码的语法错误与逻辑错误。语法错误是指程序语法格式的错误，这种错误会使程序无法通过编译，而逻辑错误则是指程序没有实现预先设计的功能。

测试游戏时，会发现，游戏结束后单击 RePlay 按钮，重新玩游戏时，游戏的时间限定会一次比一次快，解决的方法是在 Flash 主场景的第 1 帧添加 clearInterval()方法，使调用的 setInterval(setTime, 1000)停下来，完善后第 1 帧的代码如下：

```
stop();
btn_play.onRelease = function()
{
    gotoAndPlay(2);
};
clearInterval(setTimeID);
```

确定程序没有错误以后，就可以发布游戏产品了。执行"文件"→"发布"命令，Flash 自动编译代码，并生成产品文件。

本章小结

"小鸟出窝"是一款简单的休闲类游戏，本游戏在美工设计时采用卡通的唯美风格，以此来吸引玩家。本游戏中，小鸟元件的制作是游戏的基础，也是关键。

在 ActionScript 2.0 中，使用 setInterval()方法可以指定一个函数和一个连续调用该函数的时间间隔，调用 Math.random()可以获得随机数，使用 startDrag()方法或设置 MovieClip 对象的_x 属性和_y 属性匹配鼠标指针的坐标可以实现鼠标跟随，使用 Mouse.hide()方法和 Mouse.show()方法可以实现鼠标的隐藏与显示。

在发布产品之前，需要对游戏进行测试，找出代码的语法错误，同时还要对代码进行调试，找出代码的逻辑错误。

思考与拓展

1．如何在同一个元件中设置两种不同状态，并且实现不同状态的调用？
2．ActionScript 2.0 中如何获取随机数？
3．ActionScript 2.0 中如何实现鼠标跟随？
4．ActionScript 2.0 中如何创建间隔函数，如何清除间隔？
5．通过本章的学习，自己设计游戏场景、游戏角色，完成一个类似"小鸟出窝"的游戏。

第 5 章

ActionScript 3.0 游戏基础

 **本章知识地图**

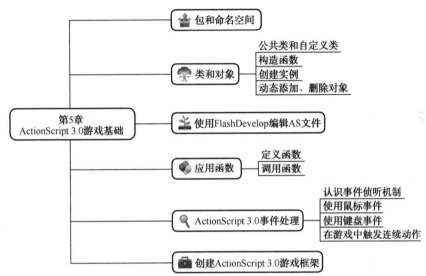

 **本章内容介绍**

ActionScript 3.0 是一种强大的面向对象的编程语言，在架构和概念上区别于 2.0 版本。本章主要介绍 ActionScript 3.0 开发游戏的基础知识，包括包、类、对象、函数、事件侦听机制等概念，键盘、鼠标事件的使用，使用 Event.ENTER_FRAME 事件和 Timer 类在游戏中触发连续动作，FlashDevelop 的配置与使用，以及 AS3.0 游戏的一般框架。

通过本章的学习，要掌握 AS3.0 包、类、实例的创建方法，学会使用 FlashDevelop 编辑 AS3.0，理解 AS3.0 的事件处理机制，学会使用键盘、鼠标事件，掌握游戏中触发连续动作的方法，最重要的是掌握 AS3.0 游戏的一般框架，能够使用框架完成具体游戏的制作。

5.1 ActionScript 3.0 概述

2007 年 4 月，支持 ActionScript 3.0 的 Adobe Flash CS3 正式版发布；2008 年 9 月，Adobe 正式发布 Flash CS4，进一步完善和扩展了 ActionScript 3.0 的功能。随着不断的升

级和扩展，ActionScript 的功能越来越强大[2]。

　　ActionScript 3.0 是 Flash 软件推出的新一代编程语言，相比过去的 ActionScript 1.0 和 2.0，ActionScript 3.0 实现了完全面向对象，功能强大，性能更加优化，它旨在方便地创建拥有大型数据集和面向对象的可重用代码库的高度复杂程序。虽然 ActionScript 3.0 包含 ActionScript 编程人员熟悉的许多类和功能，但 ActionScript 3.0 在架构上和概念上是区别于早期的 ActionScript 版本的。

5.2　包和命名空间

　　包和命名空间是两个相关的概念。使用包，可以通过有利于共享代码并尽可能减少命名冲突的方式将多个类定义捆绑在一起。使用命名空间，可以控制标识符（如属性名和方法名）的可见性。无论命名空间位于包的内部还是外部，都可以应用于代码。包可用于组织类文件，命名空间可用于管理各个属性和方法的可见性。

1. 包

　　包（packages）是具有明确的相似或相关功能的一组类的集合，同一包中的类不需要写任何特定代码就可以相互访问，而不同包中的类在相互访问时必须通过 import 导入，也就是要先指明要使用的类所在的位置。包的命名规范是所有字母都采用小写，这使得包名称与类名称能够在视觉上被明显区分开。在文件系统中，我们用一系列嵌套的文件夹来表示包，如 MovieClip 类位于 display 包中，而 display 包位于一个比它更大的 flash 包中[3]。

　　包的代码通常要写到扩展名为.as 的文本文件中，可以用如下代码声明一个包[2]：

```
package example{
……
}
```

当类定义成顶级包的一部分时，包名称可以不用指定，代码如下：

```
package {
……
}
```

当类文件保存在子目录时，包名称就对应子目录的相对路径，每个目录之间用点号"."隔开，如果类文件是保存在 example 下名为 subpackage 的子目录中，声明包应使用如下代码：

```
package example.subpackage
{
```

---

2 Flash ActionScript 3.0 溢彩编程
3 实战 Flash 游戏开发（第 2 版）

```
…  …
}
```

2. 命名空间

通过命名空间可以控制所创建的属性和方法的可见性。可以将 public、private、protected 和 internal 访问控制说明符视为内置的命名空间，如果这些预定义的访问控制说明符无法满足要求，则可以创建自己的命名空间。

（1）类成员的访问控制。

public（公共的）为完全公开访问控制符，可以使某一属性在脚本的任何位置可见。

private（私有的）修饰的类成员，称为私有成员，除了类体内可以访问外，包内的其他类和继承的子类等都不能访问私有成员。

internal（同一包内部）可使属性对所在包中的调用可见，internal 是包中代码的默认属性，它使用于没有以下属性：public、private、protected、用户定义的 namespace 的任何属性。

protected（保护的）可使属性对所属类或子类中的调用可见，换句话说，protected 属性在所属类中可用，或者对继承层次结构中该类下面的类可用，无论子类在同一包中还是在不同包中，这一点都适用。

（2）使用命名空间。

使用命名空间时，应遵循以下三个基本步骤。第一，必须使用 namespace 关键字来定义命名空间。例如，下面的代码定义 version1 命名空间：

```
namespace version1;
```

第二，在属性或方法声明中，使用命名空间（而非访问控制说明符）来命名。下面的示例将一个名为 myFunction() 的函数放在 version1 命名空间中：

```
version1 function myFunction() {}
```

第三，在应用了该命名空间后，可以使用 use 指令引用它，也可以使用该命名空间来限定标识符的名称。下面的示例通过 use 指令来引用 myFunction() 函数：

```
use namespace version1;
myFunction();
```

还可以使用限定名称来引用 myFunction() 函数，如下面的示例所示：

```
version1::myFunction();
```

5.3 类和对象

5.3.1 公共类和自定义类

在 ActionScript 3 中，类（class）是最基本的编程结构，是为某种对象定义的变量和方法的集合。它表示对现实生活中一类具有共同特征的事物的抽象，是面向对象编程的基础。ActionScript 的类分为两种，包括公共类和自定义类。

公共类（软件自带的类）有数百种，可以应用于多个方面。自定义类通常是由用户自行编写，实现某些方面的功能。一个自定义类通常包括类名和类体，类体又包含类的属性和方法等几个部分。构建自定义类时，ActionScript 文件名就是类名。

要想创建一个类，只需打开 Flash 或 FlashDevelop 的文本编辑器，然后创建一个基本框架，任何能够运作的 ActionScript 3.0 类最少应有以下代码[4]：

```
package mypackage
{
    //创建包并为其命名
    public class SimpleClass
    {
        //创建自定义类
        public function SimpleClass()
        {
            // constructor code
        }
    }
}
```

加粗标示的名称是自定义的包与类的名称，类所需的只是类定义，它被包定义封装起来，并位于与包层级结构相匹配的文件夹结构中。

5.3.2 构造函数

每一个类都需要一个构造函数（constructor），即使是一个什么都实现不了且没有明确定义的类也是如此。构造函数的名称与类名称相同，如上述代码所示"public function SimpleClass()"，当我们创建类的新实例时就会执行构造函数中包括的所有代码。

构造函数允许我们对新创建的实例进行必要的初始化，或者它也可以不执行任何操作，这取决于类的用途 [4]。

5.3.3 创建实例

类是为了使用而创建的，要使用创建好的类，必须通过类的实例来访问。要创建类的实例，需要执行下面的步骤。

（1）使用 import 关键字导入所需的类文件，其用法格式如下所示：

```
import 类路径.类名称;
```

（2）使用"var"和"new"关键字创建一个对象，用法如下：

var 对象:对象属性类型 = new 类名;

---

4 实战 Flash 游戏开发

例如：

> var btn:Object=new Object();　　//声明一个名称为 btn 的对象，并将其实例化；

5.3.4　动态添加、删除对象

▶ 1．动态添加对象：addChild()方法

在 ActionScript 3.0 中，Flash 提供了一种简便的方法，能够快捷地向舞台添加对象，这就是 addChild()方法。最先使用 addChild()方法添加到场景中的实例，将位于底部，随后添加到场景中的实例，将覆盖于之前所添加实例的上方。

addChild()的用法：DisplayObjectContainer.addChild(child:DisplayObject);

将一个 DisplayObject 子实例添加到该 DisplayObjectContainer 实例中。子对象将被添加到该 DisplayObjectContainer 实例中其他所有子对象的上面，如果添加一个已将其他显示对象容器作为父对象的子对象，则会从其他显示对象容器的子列表中删除该对象。

▶ 2．实例的深度控制：addChildAt()方法

Flash 的深度是由 0 作为起点的，第一个加入显示列表的对象，其深度为 0，随后每添加一个显示对象，深度值递增。使用 addChildAt()方法可以将对象添加到某一个深度进行显示。

addChildAt()的用法：DisplayObjectContainer.addChildAt(child:DisplayObject, index:int);

index:int 为添加该子项的索引位置。如果指定当前占用的索引位置，则该位置及所有更高位置上的子对象会在子级列表中上移一个位置。

▶ 3．动态删除对象：removeChild()方法、removeChildAt()方法

与在舞台上添加对象相反，我们常常需要从舞台上动态删除对象，删除对象的方法主要有两种，removeChild()方法和 removeChildAt()方法。

removeChild()方法通过指定需要删除的对象名称，将其从显示列表中删除。有时我们并不知道要删除的对象的具体名称，可以使用 removeChildAt()方法，通过指定要删除的对象的深度，进而从显示列表中删除对象。

💡📖 **实例制作**　　　　　　　　　　　添加对象

在舞台上已经放了蛋糕元件，现在通过代码将"火焰"添加到蛋糕的蜡烛上，如图 5-1 所示。

第一步，打开"5-1 素材.fla"文件，将类名设置为"Main"，如图 5-2 所示，单击右边的铅笔按钮打开类文件。

第二步，选中蛋糕元件，将其实例命名为"cake"，将库中的 file 元件的 AS 链接命名为"Fire"。

第三步，将火焰放置到蜡烛上。使用 addChild()方法会将 file 对象放置到舞台中的（0,0）位置，只有继续调整 file 对象的 x、y 值到合适的位置，才能使该对象放置到蜡烛上，需要用到的代码如下所示：

图 5-1　舞台场景　　　　　　　　图 5-2　命名类文件

```
var mc:MovieClip;          //定义变量
fire = new Fire();         //新建实例
addChild(fire);            //使用 addChild()方法将对象显示在场景中
fire.x = 379;              //设定实例的 x 轴坐标值
fire.y = 221;              //设定实例的 y 轴坐标值
```

测试影片，火焰会在蜡烛上方出现。
Main.as 中的代码如下：

```
package
{
    import flash.display.MovieClip;
    public class Main extends MovieClip
    {
        private var mc:MovieClip;
        public function Main()
        {
            fire = new Fire();
            addChild(fire);
            fire.x = 379;
            fire.y = 221;
        }
    }
}
```

5.4　使用 FlashDevelop 编辑 AS 文件

　　游戏开发人员可以使用多种方法来编写并编译 ActionScript 3.0，除使用 Adobe Flash 外，还可以使用 Flash Builder、FlashDevelop 等开发环境。

　　FlashDevelop 是一款开放源代码面向 FlashActionScript 的开发 IDE。FlashDevelop 本身采用.NET 开发，可以运行在 Windows 环境之中。FlashDevelop 动作轻快，对应 ActionScript 2/3，另外支持 HTML、JavaScript、CSS 等高亮显示，代码自动输入补全，

IDE 环境下的 debug 功能等。

FlashDevelop 是学习、开发 Flash ActionScript 3.0 的有力工具，其最大的特点是超强的代码提示、方便的快捷键操作、开源代码模板定制、可扩充的插件功能，是一款优秀的辅助软件。

FlashDevelop、Flash 的安装与配置步骤如下。

（1）安装.NET framework（FlashDevelop 是采用 C#语言开发的，而 C#是基于.net 环境运行的，所以这个必不可少）。

（2）安装 Java SDK 1.6 以上版本（如果要使用 Flex SDK 编译，这个也是必不可少的，因为 Flex SDk 是采用 Java 编译的）。

（3）安装 Flex SDK，将所编写的代码编译为 SWF 文件，解压缩最新版本 Flex SDK 到指定的文件夹，这里推荐解压缩后把 Flex SDK 整个文件夹复制到 C:\Program Files\FlashDevelop\Tools 文件夹中。

（4）安装 Flash CS6。

（5）安装 FlashDevelop（可以从 http://www.flashdevelop.org/community/viewforum.php?f=11 处下载）。

执行"Tools "→"program setting"命令依次设置相关插件（Plugins），如图 5-3 所示。

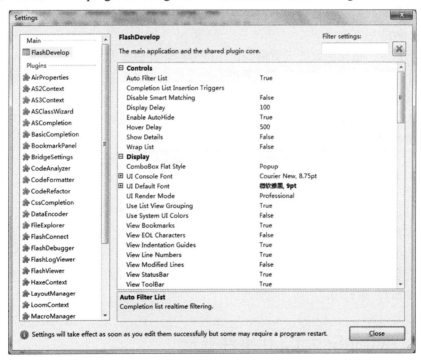

图 5-3 "Flash Develop Settings"界面

（1）AS3Context：此插件只要设置 Installed Flex SDKs 项，也就是需要指定 Flex SDK 的安装路径（C:\Program Files\FlashDevelop\Tools\flexsdk）。

（2）ASCompletion：此插件设置 Adobe Flash Professional 项，需要指定 Flash CS6 程序的安装路径（C:\Program Files\Adobe\Adobe Flash CS6）。

（3）FlashViewer：此插件主要是设置 FD 能否直接调试输出信息，设置 external player path

（C:\Program Files\FlashDevelop\Tools\flexsdk\runtimes\player\11.1\win\FlashPlayerDebugger.exe）。

（4）设置 FD 支持 Flash CS6：执行"project"→"properties"→"Compiler Options"→"external libraries"命令（C:\Program Files\FlashDevelop\Tools\flexsdk\frameworks\libs\player\11.1\playerglobal）。

5.5 应用函数

5.5.1 定义函数

在 ActionScript 的编写中，我们习惯把具有一定功能的代码定义为相应的函数，函数可以多次被调用，函数的定义需要使用 function 关键字，其格式如下所示：

```
function 函数名(参数 1:参数类型,参数 2:参数类型 ...):返回类型{
//函数体
}
```

（1）function：定义函数使用的关键字。注意 function 关键字要以小写字母开头。

（2）函数名：定义函数的名称。函数名要符合变量命名的规则，最好给函数取一个与其功能一致的名字。

（3）小括号：定义函数的必需格式，小括号内的参数和参数类型都可选。

（4）返回类型：定义函数的返回类型，也是可选的，要设置返回类型，冒号和返回类型必须成对出现，而且返回类型必须是存在的类型。

（5）大括号：定义函数的必需格式，需要成对出现。括起来的是函数定义的程序内容，是调用函数时执行的代码。

5.5.2 调用函数

函数只是一个编写好的程序块，在没有被调用之前，什么也不会发生。只有通过调用函数，函数的功能才能够实现，才能体现出函数的价值和作用。函数的调用可以分为一般的函数调用方法，以及嵌套和递归调用函数的方法。

对于没有参数的函数，可以直接使用该函数的名字后面跟一个圆括号（它被称为"函数调用运算符"）来调用。

5.6 ActionScript 3.0 事件处理

5.6.1 认识事件侦听机制

在 ActionScript 2.0 中，我们经常使用 onRelease、onPress 等事件来控制鼠标与对象的交互，然而在 ActionScript 3.0 中，事件有了巨大的改变和实质的进步。

事件侦听是 Flash 互动的核心，在 ActionScript 3.0 中使用 addEventListener()方法来侦听事件并触发响应。要将事件附加到事件处理程序，需要使用事件侦听器，事件侦听

器等待事件发生，事件发生时就会运行对应的事件处理函数。在编写 addEventListener
代码时，首先需要确定事件侦听的对象，其次确定侦听的事件，最后需要设置处理事件
的侦听函数，我们可以将事件侦听的语言格式用中文抽象如下：

被侦听的对象. addEventListener(需要侦听的事件,当该事件发生后需要触发的函数名);

事件发生时运行的特殊函数称为事件处理函数，事件处理函数的格式如下：

function 函数名(event:该事件的数据类型):void
{
事件触发后执行的代码
}

在事件处理函数中，需要接收来自事件侦听器的事件参数，可以将参数命名为 event
（可以自由命名，常常也将其命名为 e），函数不返回任何值，因此在函数末尾加上":void"。

与 addEventListener()方法相对应的，是移除事件侦听器的 removeEventListener()方
法。当某个事件侦听器不再有用时，可以使用 removeEventListener()方法将该事件侦听器
移除。

```
mc.addEventListener(MouseEvent.CLICK,clickHandler);
                            //监听实例名称为 mc 的按钮的鼠标单击事件
function clickHandler(event:Event):void
    {                       //当实例名称为 mc 的按钮被鼠标单击时，执行
                            //事件处理函数 clickHandler
        trace("You click me");   //事件的响应为输出文本"You click me"
    }
```

在以上的代码中，mc 为事件侦听的对象，MouseEvent.CLICK（鼠标单击）为鼠标
事件，clickHandler()函数为处理事件的侦听器函数。上述代码实现的功能是当鼠标单击
mc 对象即输出文本"You click me"。

5.6.2 使用鼠标事件

Flash 可以发生通过用户参与的鼠标事件、键盘事件，也可以发生没有用户直接交互
的以帧频触发的事件或 Timer 事件。

在各类互动应用中，鼠标控制出现得尤为频繁，每一个影片剪辑都可以接收鼠标信
息，鼠标操作包括鼠标移入、鼠标移除、鼠标移动、鼠标单击、鼠标双击、鼠标左键相
关操作、鼠标右键相关操作、鼠标滑轮滚动操作等。

```
mc.addEventListener(MouseEvent.MOUSE_DOWN, onMOUSEDOWNHandler);
function onMOUSEDOWNHandler(event:MouseEvent):void
{
    mc.x +=  10;
}
```

上述代码表示，鼠标一旦按下，实例名称为 mc 的影片剪辑就会右移 10 个像素。

 **实例制作**　　　　　　　　　　鼠标事件的使用

在舞台上已经放了 3 个 flowerpot（花盆）元件，现在，通过代码将"鲜花"插入到"花盆"中，如图 5-4 所示。

第一步，打开"5-2 素材.fla"文件，将类名设置为"Main"，如图 5-5 所示，单击右边的铅笔按钮打开类文件。

点击花盆将开出一朵花

图 5-4　舞台场景

图 5-5　命名类文件

第二步，选中最左边的花盆元件，将其实例命名为"mFlowerpot1"，将中央、右边的花盆元件分别命名为"mFlowerpot2"、"mFlowerpot3"。将库中的 flower 元件的 AS 链接命名为 Flower。

第三步，将鲜花放置到花盆中，使用 addChild() 方法会将 flower 对象放置到舞台中的（0,0）位置，只有调整 flower 对象的 x、y 值到合适的位置，才能使该对象"插入"到花盆中，这样比较麻烦。因此，在制作 flower 元件时，专门设置好了 flowerpot 元件的中心点，一旦 flower 元件被放置在 flowerpot 元件内部的（0,0）坐标时，就正好是"鲜花"插入"花盆"的合适位置。因此，选择在 mFlowerpot1 元件内部直接添加 flower 对象，本实例中需要用到的代码如下：

```
package
{
    import flash.display.MovieClip;
    import flash.events.Event;
    import flash.events.MouseEvent;
    public class Main extends MovieClip
    {
        var flower:Flower = new Flower();
        public function Main()
        {
            // constructor code
            mFlowerpot1.addEventListener(MouseEvent.CLICK, onClickHandler);
            mFlowerpot2.addEventListener(MouseEvent.CLICK, onClickHandler);
            mFlowerpot3.addEventListener(MouseEvent.CLICK,onClickHandler);
        }
```

```
        public function onClickHandler(e:Event):void
        {
                e.target.addChild(flower);
        }
    }
}
```

以上代码中 onClickHandler 函数完成添加 flower 对象的功能，分别为 3 个花盆添加了 onClickHandler 事件处理函数。添加以上代码后，测试影片，单击花盆，会相应地在花盆上添加鲜花。

5.6.3 使用键盘事件

在一些 Flash 游戏中，我们需要使用键盘来控制 Flash，此时就需要使用键盘事件侦听。键盘的敲击事件是由舞台 stage 来感知的，所以应该为 stage 添加键盘事件侦听机制。

```
import flash.events.KeyboardEvent;
stage.addEventListener(KeyboardEvent.KEY_DOWN, onKeyDownHandler);
function onKeyDownHandler(event:KeyboardEvent):void
{
trace(e.keyCode);
}
```

上述代码表示，一旦发现有 KEY_DOWN 事件就会调用 onKeyDownHandler 函数，KEY_DOWN 表示键盘上的键被按下的事件。onKeyDownHandler 函数的内容是将对应事件的 keyCode 属性值在输出面板中显示出来，按下键盘上不同的键就会看到不同的值显示出来。

实例制作　　　　　　　　　**方向键控制对象的移动**

本实例通过键盘的上、下、左、右四个方向键控制 fish 对象的移动，如图 5-6 所示。

第一步，打开"5-3 素材.fla"文件，将类名设置为"Main"，如图 5-7 所示，单击右边的铅笔按钮打开类文件。

图 5-6　舞台场景　　　　　　　　　图 5-7　命名类文件

第二步，将库中的 fish 元件的 AS 链接命名为"Fish"。

第三步，通过键盘控制 fish 对象的移动。本实例中首先将 fish 对象添加到场景中，onKeyDownHandler 事件处理函数的主要功能是实现方向键控制对象的移动，每按下方向键，对象移动 20 像素。本实例中用到的代码如下：

```
package
{
    import flash.display.MovieClip;
    import flash.ui.Keyboard;
    import flash.events.KeyboardEvent;
    public class Main extends MovieClip
    {
        private var fish:MovieClip;
        public function Main()
        {
            fish = new Fish();
            addChild(fish);
            fish.x = 400;
            fish.y = 240;
            fish.width = 150;
            fish.height = 136;
            stage.addEventListener(KeyboardEvent.KEY_DOWN, onKeyDownHandler);
        }
        function onKeyDownHandler(event:KeyboardEvent):void
        {
            switch (event.keyCode)
            {
                case Keyboard.UP :
                    //方向键控制对象的移动
                    fish.y -=   20;
                    break;
                case Keyboard.DOWN :
                    fish.y +=   20;
                    break;
                case Keyboard.LEFT :
                    fish.x -=   20;
                    break;
                case Keyboard.RIGHT :
                    fish.x +=   20;
                    break;
            }
```

```
                trace(event.keyCode);
                //查看键的键码
        }
    }
}
```

5.6.4 在游戏中触发连续动作

在游戏开发中，有时候动作的执行是需要持续进行的，在 ActionScript 3.0 中，常常通过 Event.ENTER_FRAME 事件和设置 Timer 类来实现。

▶ 1. 使用 Event.ENTER_FRAME 事件

Event.ENTER_FRAME 事件是以帧频触发，持续执行，即使时间轴停止，事件也仍然会发生，只有删除此事件控制或者移除响应动作的对象，才能停止该事件。

对象.addEventListener(Event.ENTER_FRAME,enterFrameHandler)
// enterFrameHandler 为事件处理函数

说明：如果是将代码存储在外部 ActionScript（扩展名为.as 的文本文件）中，由于此方法在调用时会传入一个 Event 类实例，因此，必须先使用 import 导入 Event 类，使其接收一个事件对象，会用到如下代码：

import flash.events.Event;

 实例制作　　　　　使用 Event.ENTER_FRAME 事件

本实例使用 Event.ENTER_FRAME 实现太阳上升，如图 5-8 所示。

图 5-8　舞台场景

第一步，打开"5-4 素材.fla"文件，将类名设置为"Main"，如图 5-9 所示，单击右边的铅笔按钮打开类文件。

图 5-9　命名类文件

第二步，将库中的 sun 元件的 AS 链接命名为"Sun"。

第三步，使用 Event.ENTER_FRAME 实现太阳上升。本实例中首先将 sun 对象添加到场景中，为 sun 对象添加事件侦听，实现太阳上升，当太阳上升到合适的位置，删除事件侦听，使太阳停下来。本实例中使用 addChildAt()方法将对象显示在场景中，并设定对象的深度。本实例中使用到的代码如下：

```
package
{
    import flash.display.MovieClip;
    import flash.events.Event;
    public class Main extends MovieClip
    {
        var sun:MovieClip = new Sun();
        public function Main()
        {
            addChildAt(sun, 1);
            //使用 addChildAt()方法将对象显示在场景中，并设定对象的深度为 1
            sun.x = 350;
            sun.y =450;
            sun.addEventListener(Event.ENTER_FRAME,sunFly);
        }
        public function sunFly(e:Event):void
        {
            sun.y -=   5;
            if (sun.y < -45)
            {
                //当 sun 对象上升到合适位置时，移除事件侦听，使 sun 运动停止
                sun.removeEventListener(Event.ENTER_FRAME,sunFly);
            }
        }
    }
}
```

▶2. 使用 Timer 类

Event.ENTER_FRAME 事件只能以帧频触发，局限性较大，ActionScript 3.0 的 Timer 类提供了一个强大的解决方案。Timer 类是计时器的接口，实现按指定的时间间隔调用计时器事件。使用 start()方法可以启动计时器，使用 stop()方法可以停止计时器，使用 reset()方法可以重置计时器。

使用 Timer 类，需要执行下面的步骤。

（1）创建 Timer 类的实例，并告诉它每隔多长时间调用一次计时器事件及调用的次数。

```
var myTimer:Timer =new Timer(delay:Number, repeatCount:int);
```

delay:Number：计时器事件间的延迟（以毫秒为单位）。

repeatCount:int：设置计时器运行总次数。如果为 0，则计时器重复无限次数，如果不为 0，则将运行指定次数，然后停止。

说明：如果是将代码存储在外部 ActionScript 中，需要使用 import 导入 TimerEvent 类与 Timer 类，会使用到如下代码：

```
import flash.events.TimerEvent;
import flash.utils.Timer;
```

（2）为 timer 事件添加事件侦听器，以便将代码设置为按计时器间隔运行。

```
myTimer.addEventListener(TimerEvent.TIMER, timerHandler);
// timerHandler 为事件处理函数
```

（3）启动计时器。

```
myTimer.start();
```

实例制作　　　　　　　　　　　使用 Timer 类

本实例使用 Timer 类实现太阳上升。

第一步，打开"5-5 素材.fla"文件，将类名设置为"Main"，打开类文件。

第二步，将库中的 sun 元件的 AS 链接命名为"Sun"。

第三步，使用 Timer 类实现太阳上升。本实例中首先使用 addChildAt()方法将 sun 对象添加到场景中，然后新建 Timer 实例 myTimer，并为 myTimer 添加事件侦听，每隔 50ms 调用一次 sunFly 函数实现太阳上升，当太阳上升到合适的位置，删除事件侦听，使太阳停下来。本实例中使用的代码如下：

```
package
{
    import flash.display.MovieClip;
    import flash.events.TimerEvent;
    import flash.utils.Timer;
    public class Main extends MovieClip
    {
        var sun:MovieClip = new Sun();
        var myTimer:Timer = new Timer(50);
        public function Main()
        {
            // constructor code
            addChildAt(sun,1);
            sun.x = 350;
```

```
                sun.y = 450;
                myTimer.addEventListener(TimerEvent.TIMER, sunFly);
                myTimer.start();
        }
        public function sunFly(e:TimerEvent):void
        {
                sun.y -=    5;
                if (sun.y < -45)
                {
                        myTimer.stop();
                }
        }
    }
}
```

72

5.7   创建 ActionScript 3.0 游戏框架

　　游戏框架的好处之一就是可以有效地组织代码段和游戏中的函数，我们会用代码建立一个非常简单的游戏，这个游戏本身不是很重要，重要的是它的代码结构。基于游戏框架可以很容易地写出易于扩展的游戏代码。当你变得擅长制作游戏后，就可以自由制作你需要的框架了。这个框架会被更新、修改、改良或者增加更复杂的东西[5]。

　　这个游戏不是简单地单击按钮触发事件的测试代码，而是一个用基本的游戏框架搭建起来的完整游戏。这个游戏被用于说明一个框架的大部分主要结构。首先就是状态循环，游戏大概有三种状态，一个是初始状态，一个是游戏状态，还有一个是游戏结束状态。根据游戏运行的需要来确定它当前的运行状态，这个就是状态循环。例如，在游戏状态，需要等待玩家单击按钮，当按钮被按下的时候，游戏状态转变为结束状态。这个状态循环不断地检测现在游戏到底进行到哪一个环节了，根据环节的不同采取恰当的行为。而这个反复检测状态的行为被称为游戏频率，是游戏框架的第二个核心部分。还有一点，当按钮被按下的时候，这个处理鼠标单击函数的东西被称作事件模型，这是游戏框架的最后一个核心部分。

1. 状态循环

　　状态循环是控制游戏行为的交警。一个非常基本的方式就是使用常量和 Switch 方法。常量是不会改变的，声明常量使用 const 关键字。下面的代码建立了几个类中常用到的状态，这些状态会控制游戏的流程。

---

5 Flash 游戏编程指南

```
public static const STATE_INIT:int = 10;
public static const STATE_PLAY:int = 20;
public static const STATE_GAME_OVER:int = 30;
public var gameState:int = 0;
```

前三个状态表示了游戏运行时可能出现的状态，将它他们设置为常量，因为游戏会依靠这些不会被修改的常量来控制运行的状态。也可以为游戏设置更多的状态。最后的语句 public var gameState:int = 0;建立了一个变量来保存当前游戏的状态。下面的函数gameLoop()是游戏的主要循环，它表示了游戏的频率。通过 Switch 方法来决定当前游戏应该保持哪种状态（通过检查 gameState 变量）。

```
public function gameLoop(e:Event):void
{
    switch (gameState)
    {
        case STATE_INIT :
            initGame();
            break;
        case STATE_PLAY :
            playGame();
            break;
        case STATE_GAME_OVER :
            gameOver();
            break;
    }
}
```

2. 游戏频率

游戏频率也可以看作是每隔一段时间来检查游戏状态的机制。gameLoop()是游戏执行的循环逻辑，这个游戏通过 ENTER_FRAME 事件来反复调用 gameLoop()函数。

```
public function Game():void
{
    addEventListener(Event.ENTER_FRAME, gameLoop);
    gameState = STATE_INIT;
}
```

通过 ENTER_FRAME 事件处理游戏循环的方法在 Flash 中很常见。游戏以帧频反复调用游戏循环，我们把游戏的状态设置为 STATE_INIT，然后 gameLoop()函数就会在下次执行 initGame()的方法。

3. 事件模型

要监听一个鼠标单击按钮的事件，initGame()函数定义了这个游戏的事件模型，下面的代码告诉类要监听这个鼠标单击事件。

```
stage.addEventListener(MouseEvent.CLICK, onMouseClickEvent);
```

第 1 个参数（MouseEvent.CLICK）是事件的名称，第 2 个参数（onMouseClickEvent）是事件触发要调用的函数名称。我们把记录单击次数的变量设为 0，并把游戏状态设为 STATE_PLAY，这样一来 gameLoop()函数就知道下一步应该怎么做了。

```
public function initGame():void
{
    stage.addEventListener(MouseEvent.CLICK, onMouseClickEvent);
    clicks = 0;
    gameState = STATE_PLAY;
}
```

如果游戏状态等于 STATE_PLAY 的话，playGame()函数就会被 gameLoop()函数调用。这个函数监测单击的次数是不是大于 10 次。如果是的话就把游戏状态设置为 STATE_GAME_OVER。

```
public function playGame()
{
    if (clicks >= 10)
    {
        gameState = STATE_GAME_OVER;
    }
}
```

下面的代码是每次触发鼠标单击事件时调用的函数，它随着每一次调用把记录鼠标单击次数的 clicks 变量的值加 1。

```
public function onMouseClickEvent(e:MouseEvent)
{
    clicks++;
    trace("mouse click number:" + clicks);
}
```

最后，endgame()函数是在游戏状态被 playGame()函数改为 STATE_GAME_OVER 的时候被 gameLoop()函数调用的。这里要做的就是对 MouseEvent.Click 事件采取 removeEventLister()方法移除监听。游戏结束的时候所有的事件监听都应该被清除。当我们把游戏状态设置为 STATE_INIT 时游戏就会自动的再次开始。

```
public function gameOver():void
{
    stage.removeEventListener(MouseEvent.CLICK, onMouseClickEvent);
    gameState = STATE_INIT;
    trace("game over");
}
```

现在，我们可以把这些代码组合起来变为一个简易的游戏了，所写的代码都要收集到一个名为 Game 类中。

下面是程序流程的简单描述。

（1）Game 类被实例化。

（2）构造函数被调用。

（3）构造函数设置每一帧的游戏频率。

（4）构造函数设置游戏状态为 STATE_INIT。

（5）游戏频率调用 gameLoop()函数。

（6）gameLoop()函数根据游戏状态变量来选择函数。

（7）initGame()函数在被调用的时候，鼠标事件的监听被建立，变量进行重置。

（8）initGame()函数把游戏状态设置为 STATE_PlAY。

（9）游戏频率调用 gameLoop()函数。

（10）gameLoop()函数根据游戏状态变量来选择函数。

（11）playGame()函数在没有达成游戏结束条件的时候被调用（结束条件：clicks>=10）。这一步在没有达成条件之前会一直执行。除非 MouseEvent.click 事件使得条件成立。

（12）如果 clicks 大于 10，playGame()函数就会把游戏状态改为 STATE_GAME_OVER。

（13）gameOver()函数被调用，移除监听，输出结果并重新开始游戏。

总之，当游戏运行的时候，鼠标左键单击按钮只是简单的增加单击次数，而 playGame()函数的作用就是检查单击次数并在超过 10 次的时候更改为游戏状态。

▶4．框架代码

现在第一个游戏的所有代码就完成了。

```
package
{
    import flash.display.MovieClip;
    import flash.events.Event;
    import flash.events.MouseEvent;
    import flash.display.*;
    import flash.events.*;
    import flash.net.*;
    public class Game extends MovieClip
    {
        public static const STATE_INIT:int = 10;
```

```
            public static const STATE_PLAY:int = 20;
            public static const STATE_GAME_OVER:int = 30;
            public var gameState:int = 0;
            public var clicks:int = 0;
            public function Game():void
            {
                addEventListener(Event.ENTER_FRAME, gameLoop);
                gameState = STATE_INIT;
            }
            public function gameLoop(e:Event):void
            {
                switch (gameState)
                {
                    case STATE_INIT :
                        initGame();
                        break;
                    case STATE_PLAY :
                        playGame();
                        break;
                    case STATE_GAME_OVER :
                        gameOver();
                        break;
                }
            }
            public function initGame():void
            {
                stage.addEventListener(MouseEvent.CLICK, onMouseClickEvent);
                clicks = 0;
                gameState = STATE_PLAY;
            }
            public function playGame()
            {
                if (clicks >= 10)
                {
                    gameState = STATE_GAME_OVER;
                }
            }
            public function onMouseClickEvent(e:MouseEvent)
            {
                clicks++;
```

```
        trace("mouse click number:" + clicks);
    }
    public function gameOver():void
    {
        stage.removeEventListener(MouseEvent.CLICK, onMouseClickEvent);
        gameState = STATE_INIT;
        trace("game over");
    }
    }
}
```

5．测试游戏

可以执行下面的步骤，测试游戏。

1．新建 AS 3.0 文件，把上述代码复制到文件中，保存为 Game.as。
2．新建 AS 3.0 文件并命名为 clickGame.fla，保存。
3．把 as 文档类的名字输入到新建的 fla 文档的类参数中，测试游戏。

本章小结

类和对象是面向对象编程最核心的概念，类是为某种对象定义的变量和方法的集合，使用 addChild()方法与 addChildAt()方法可以动态地添加对象，使用 removeChild()方法与 removeChildAt()方法可以动态地删除创建的对象。

事件侦听是 Flash 互动的核心，在 AS3.0 中使用 addEventListener()方法来侦听事件并触发响应，本章重点介绍了鼠标和键盘事件的运用。

游戏开发中，有时候动作的执行是需要持续进行的，在 AS3.0 中可以通过 Event.ENTER_FRAME 事件和设置 Timer 类来实现触发连续动作。

游戏开发人员除了使用 Flash 编辑 AS3.0 外，还可以使用其他开发环境。FlashDevelop 是学习、开发 Flash ActionScript 3.0 的有力工具，本章介绍了 FlashDevelop 的配置与使用方法。

游戏框架的建立有助于理清游戏的架构，有效地组织代码和游戏中的函数，通过本章的学习，利用游戏框架可以制作出具体的游戏案例。

思考与拓展

1．什么是类？自定义类的一般格式是怎样的？
2．创建实例的一般格式？如何动态添加、删除对象？
3．事件侦听的一般格式？如何定义事件处理函数？
4．如何在游戏中触发连续动作？
5．尝试自己编写出 AS3.0 游戏的一般框架。

第6章

建立游戏框架：寻宝小矿工

本章知识地图

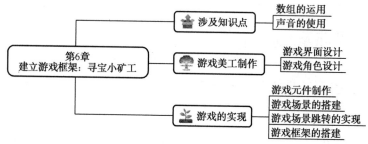

本章内容介绍

本章将制作游戏"寻宝小矿工"。游戏场景中出现宝箱，玩家用鼠标单击宝箱，宝箱中将出现宝石，如果连续单击两个宝箱，宝箱中的宝石是一样的，玩家赢取得分；如果连续两次单击宝箱，宝箱中的宝石不一样，玩家将丢掉分数。玩家应在游戏时间内尽快找出所有宝石。

本章将在第 5 章介绍的游戏框架基础上实现"寻宝小矿工"游戏，本章涉及的新知识点有数组的使用、声音的使用等。通过本游戏的制作，应掌握使用 AS3.0 制作游戏的一般架构，学会使用函数，掌握游戏中宝箱排列、宝石匹配的方法，掌握计分、计时、关卡的设定技巧。

6.1 游戏概述

6.1.1 游戏设计理念

"寻宝小矿工"是一款单机休闲类游戏，适合任何年龄段玩家，主要考验玩家的手眼反应能力，游戏操作简单。玩家单击宝箱，如果连续两次单击的宝箱内的宝石是一样的，玩家赢取得分，在游戏规定的时间内，玩家必须找出所有宝石。

6.1.2 游戏规则设定

1. 游戏操作说明

本游戏主要通过鼠标进行操作，单击鼠标，宝箱打开，如果连续两次单击的宝箱内的宝石是一样的，玩家赢取得分。

2．游戏规则

游戏限定每一关宝箱的数量及游戏时间，玩家在规定的时间内将所有宝石找出，屏幕实时显示玩家的得分及剩余时间。玩家如果在规定的时间内找出所有宝石，游戏胜利，如果游戏时间到，游戏结束。

6.1.3　游戏关卡设计

本游戏设定有若干个关卡，不同关卡的场景不同，场景中宝箱的数量不同，游戏限定时间不同。

6.2　游戏涉及相关知识

1．数组的运用

Array 类是 Flash 的顶级类，使用 Array 类可以访问和操作数组。要创建 Array 对象需要使用 new Array()方法，使用数组访问运算符[]初始化数组或访问数组元素，可以在数组中存储各种类型的属性，包括数字、字符串、对象、甚至是其他数组。

（1）创建数组。

Array 构造函数的使用有三种方式。第一种方法，创建一个空数组 Array 对象，该对象没有参数且初始长度为 0。例如：

```
var myArray:Array = new Array();
trace(myArray.length);          //该对象没有参数且初始长度为 0
```

第二种方法，如果将一个数字用作 Array 构造函数的唯一参数，则会创建长度等于此数值的数组，并且每个元素的值都设置为 undefined。参数必须为值介于 0 和 4,294,967,295 之间的无符号整数。例如：

```
var myArray:Array = new Array(3);   //创建一个 Array 对象，该对象包含 3 个初始元素
trace(myArray.length);              //输出 3
```

第三种方法，创建具有指定元素的数组。例如：

```
var myArray:Array = new Array(element1,element2,……,elementN);
```

它相当于在创建数组的同时给数组赋了 element1,element2,……,elementN 等 N 个值，数组的长度为 N。

（2）访问数组元素。

数组在创建并被赋值后，可以使用"数组名[下标]"这种形式来访问数组中的某个元素。其中数组的"下标"又称为这个数组的"索引"，数组的第一个元素的索引值是 0，第二个是 1，依此类推。例如：

```
var myArray:Array = new Array("John", "Jane", "David");
trace(myArray [0]);                              //输出 John
```

（3）插入数组元素。

可以使用 Array 类的三种方法 push()、unshift()和 splice()将元素插入数组。push()方法用于在数组末尾添加一个或多个元素，使用 push()方法在数组中插入的最后一个元素将具有最大索引号。unshift()方法用于在数组开头插入一个或多个元素，并且始终在索引号 0 处插入。splice()方法用于在数组中的指定索引处插入任意数目的元素。

（4）删除数组元素。

可以使用 Array 类的三种方法 pop()、shift()和 splice()从数组中删除元素。pop()方法用于从数组末尾删除一个元素，它将删除位于最大索引号处的元素。shift()方法用于从数组开头删除一个元素，它始终删除索引号 0 处的元素。splice()方法既可用来插入元素，也可以用来删除任意数目的元素，其操作的起始位置是此方法的第一个参数指定的索引号处。

2．声音的使用

声音在游戏中是必不可少的一个元素，需要先将声音信息加载到 Flash Player 之后，才能在 ActionScript 中控制声音，可以使用以下 4 种方法将音频数据加载到 Flash Player 中。

（1）在场景 SWF 文件中直接嵌入声音。

（2）将外部声音文件（如 MP3 文件）加载到 SWF 中。

（3）使用连接到用户计算机上的麦克风来获取音频输入。

（4）访问从服务器流式传输的声音数据。

使用 Sound 类可以创建新的 Sound 对象、将外部 MP3 文件加载到该对象并播放该文件、关闭声音流，以及访问有关声音的数据，如流字节数或者 ID3 元数据信息。

（1）处理嵌入声音。

对于响应用户单击等简单交互动作的文件量小的声音，可以采用把声音文件嵌入 Flash 的方法，而没必要从外部文件加载声音文件。在 Flash 影片中嵌入声音文件，可以使用以下步骤。

① 将声音文件导入到库，设置其 AS 链接名，比如设置为"asSound"。

② 创建 Sound 对象，如果要创建 asSound 实例，可以使用如下代码：

```
var mySound:Sound = new asSound();
```

③ 播放声音对象。

```
asSound.play();
```

（2）加载外部声音。

Sound 类的每个实例可以加载并触发特定声音资源的播放。应用程序无法重复使用 Sound 对象来加载多种声音。如果它要加载新的声音资源，则应创建一个新的 Sound 对象。

Sound()构造函数接收一个 URLRequest 对象作为其第一个参数。当提供 URLRequest 参数值后，新的 Sound 对象将自动开始加载指定的声音资源，可以使用如下代码：

```
var req:URLRequest = new URLRequest("click.mp3");
var s:Sound = new Sound(req);
```

6.3 游戏的开发过程

本游戏分为 6 个流程：①创建项目，②游戏美工制作，③绘制程序流程图，④解决游戏关键问题，⑤实现游戏，⑥调试游戏程序、发布游戏产品。

6.3.1 第一步：创建项目

本游戏使用 FlashDevelop+Flash 的开发模式，首先在 FlashDevelop 中建立项目，单击菜单"Project"→"New Project"命令，选择"Flash IDE Project"项目，设置工程名称为"寻宝小矿工"并保存在"C:\Users\Administrator\Desktop"中（如图 6-1 所示）。建立成功后，就会在"C:\Users\Administrator\Desktop"中生成一个"寻宝小矿工"的文件夹，文件夹内有"寻宝小矿工.as3proj"的 FlashDevelop 工程文件。接着再打开 Flash CS6，创建分辨率为 960px*640px 的 Actionscript 3.0 项目，以"寻宝小矿工.fla"文件名保存到"寻宝小矿工"文件夹中，并且设置项目主类为"globalControl.as"（如图 6-2 所示）。

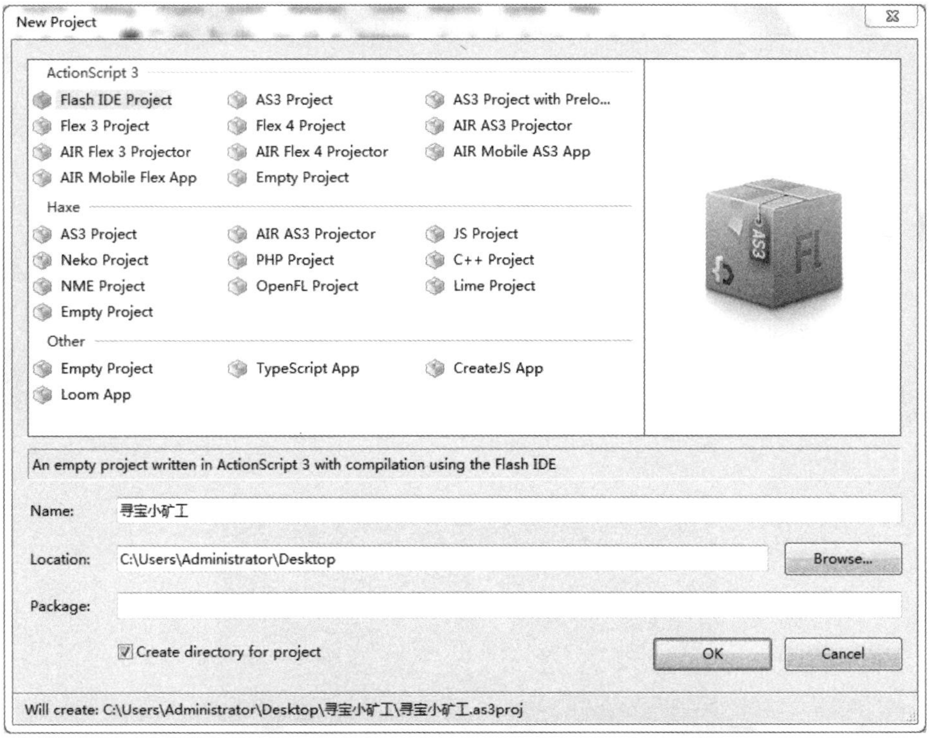

图 6-1 建立 FlashDevelop 的"Flash IDE Project"项目

图 6-2　Flash 工程文件"寻宝小矿工.fla"的设置

6.3.2　第二步：游戏美工制作

▶1．游戏场景设计

"寻宝小矿工"是一款休闲类游戏，在设计游戏场景时，采用卡通的风格，场景的设计侧重于营造一种神秘的感觉，场景的大小采用 960px*640px。本游戏的场景有游戏开始界面场景、游戏主场景和游戏结束界面，如图 6-3、图 6-4 和图 6-5 所示。本游戏的场景预先通过 Photoshop 软件设计好，导入到 Flash 库中使用。

图 6-3　游戏开始界面

图 6-4　游戏主场景

图 6-5　游戏结束界面

▶2．游戏角色设计

本游戏的主要角色是宝箱及宝箱中的宝石，角色的设计采用卡通风格，本游戏设计了一款宝箱、7 种宝石和一个怪物角色。宝箱有关闭和打开两种状态，打开时呈现不同的宝石，如图 6-6 所示。7 种宝石都制作了动画，呈现宝石闪闪发光的效果，宝石角色如图 6-7 所示。怪物角色如图 6-8 所示。本游戏的角色是在 Photoshop 中预先设计好，导入到 Flash 库中再制作影片剪辑元件。

图 6-6　宝箱关闭及打开的状态

图 6-7　七种宝石角色

图 6-8　怪物角色

6.3.3　第三步：绘制程序流程图

本游戏的程序流程图如图 6-9 所示。

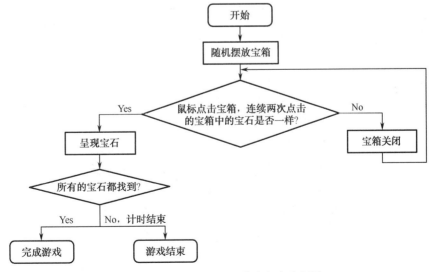

图 6-9　"寻宝小矿工"游戏程序流程图

6.3.4　第四步：解决游戏关键问题

在制作游戏之前，首先要知道完成该游戏的关键点，找到解决的方法，要实现本游戏，需要解决以下几个关键问题。

问题 1： 如何随机排列 16 个宝箱？

解决方法： 本游戏中创建了一个数组 cardArray，数组中放置 1 到 8 共 8 个数字，通过 "Math.floor(Math.random() * cardArray.length);" 语句随机获取 1 到 8 之间的随机整数。当单击鼠标时，通过 "gotoAndStop(Card.goNum);" 语句播放 "Card10" 影片剪辑的第 2 至第 9 帧，从而随机呈现装有不同宝石的宝箱。

本游戏场景中的宝箱共四行四列，左顶点的宝箱坐标为（globalControl.startPosX, globalControl.startPosY）即（375,165），水平方向两个宝箱的间隔为 globalControl.cardScaleX（140px），垂直方向两个宝箱的间隔为 globalControl.cardScaleY（120px），通过双重 for 循环共产生 16 个宝箱，通过 Card.x、Card.y 设置每个宝箱在场景中的位置。

```
for (var x:int = 0; x < globalControl.boardWidth; x++)
{
    for (var y:int = 0; y < globalControl.boardHeight; y++)
    {
        var r:int = Math.floor(Math.random() * cardArray.length);
        var Card:MovieClip = new Card10();
        Card.goNum = cardArray[r] + 1;
        Card.x = x * globalControl.cardScaleX + globalControl.startPosX;
        Card.y = y * globalControl.cardScaleY + globalControl.startPosY;
        Card.addEventListener(MouseEvent.CLICK,clickCard);
        Card.buttonMode = true;
        addChild(Card);
        cardArray.splice(r,1);
        cardNum++;
    }
}
```

问题 2： 如何检测连续两次单击的宝箱中的宝石是否是一样的？

解决方法： 本游戏中设定了 firstCard、secondCard 两个变量，变量类型为 "Card10"。如果 firstCard、secondCard 为 null，则通过 "gotoAndStop(thisCard.goNum);" 播放 goNum 帧，打开宝箱呈现宝石。通过判断 firstCard.goNum 和 secondCard.goNum 是否相等来检测两次打开的宝箱中的宝石是否一样，如果两次打开的宝箱中的宝石一样，则呈现宝石闪烁的状态，得分增加，如果不一样则减少分值。

以下代码呈现的是 firstCard 为 null 时的效果：

```
if (firstCard == null)
{
        firstCard = thisCard;
```

```
            thisCard.gotoAndStop(thisCard.goNum);
            thisCard.box.mouseEnabled = false;
            globalControl.soundState = "firstCardSound";
            soundControl.playSound();
            }
            else if (firstCard == thisCard)
            {
                firstCard.gotoAndStop(1);
                thisCard.gotoAndStop(1);
                firstCard = null;
                globalControl.soundState = "missSound";
                soundControl.playSound();
            }
        }
```

以下代码呈现的是 firstCard.goNum 与 secondCard.goNum 相等时的效果：

```
if (firstCard.goNum == secondCard.goNum)
    {
        firstCard.mouseEnabled = false;
        secondCard.mouseEnabled = false;
        firstCard.box.gotoAndPlay(2);
        secondCard.box.gotoAndPlay(2);
        firstCard = null;
        secondCard = null;
        globalControl.gameScore +=   matchScore;
        globalControl.soundState = "matchSound";
        soundControl.playSound();
            cardNum -=   2;
    }
```

问题 3：如何设定游戏时间？

解决方法：通过 Timer 类实现。

```
function timerSet()
    {
        timeCount = globalControl.gameTime * 20;
        m_timer = new Timer(50);
        m_timer.addEventListener(TimerEvent.TIMER, timerRun);
        m_timer.start();
        }
        //Run timer
    function timerRun(event:TimerEvent)
```

```
        {
            timeCount -=    1;
            MovieClip(root).timeBar_Mc.timeMask.x -= 1310/(globalControl.gameTime * 20);
        }
```

6.3.5 第五步：实现游戏

1. 游戏元件制作

（1）宝箱打开呈现宝石影片剪辑元件（共 7 个）。

本游戏需要制作 7 个宝箱打开呈现宝石的效果，新建 ActionScript 文档后，执行"新建"→"元件"命令，选择"影片剪辑"，元件名称为"boxBlue_Mc"，制作蓝色宝石呈现的效果，影片剪辑制作完成后的效果如图 6-10 所示。在第 1 帧添加"stop();"语句，在最后一帧添加"gotoAndPlay(2);"，在影片剪辑中有两种状态（宝箱打开的状态、宝石闪烁的状态）。鼠标单击宝箱，呈现宝箱打开的状态，如果连续两次单击的宝箱呈现的宝石是一样的，开始播放第 2 帧呈现宝石闪烁的状态。以同样的方法制作其余 6 种宝箱打开的效果。

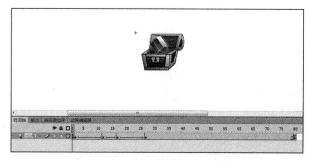

图 6-10   boxBlue_Mc 影片剪辑元件的效果

（2）制作怪物影片剪辑元件 boxMonster_Mc。

新建影片剪辑元件 boxMonster_Mc，设计制作宝箱打开呈现怪物的效果。

（3）宝箱、怪物整合在一起的影片剪辑元件 card10_Mc。

新建影片剪辑元件"card10_Mc"，为实现在场景中随机摆放装有不同宝石的宝箱，将 7 种宝箱及怪物宝箱影片剪辑放置在"card10_Mc"影片剪辑中。影片剪辑共有 9 帧，第 1 帧放置宝箱关闭状态"Box.png"，在第 1 帧中添加"stop();"语句，其余 8 帧分别放置装有宝石的宝箱和装有怪物的宝箱。影片剪辑默认状态下呈现宝箱关闭的状态，当鼠标单击宝箱时，随机播放其余帧，呈现不同的宝石或者怪物。

（4）Start_Btn 按钮、Replay_Btn 按钮。

新建按钮元件"Start_Btn"，结合游戏场景设计制作"开始"按钮，同样的步骤制作"重新开始"按钮，名称为"Replay_Btn"，本游戏制作的按钮如图 6-11 所示。

图 6-11   游戏中的按钮

（5）制作得分、时间条元件。

为了及时呈现玩家在游戏中的得分及剩余时间，本游戏制作了"scoreCount_Mc"和"timeBar_Mc"影片剪辑元件。

2. 游戏场景的搭建

（1）游戏开始界面。

在主场景的第1帧完成游戏开始界面的制作，将图层1重命名为"Bg"，将制作好的游戏开始界面场景图片导入到库中，并将导入后的位图"startBg.jpg"从库中拖放到Flash场景中。新建图层，并命名为"game"，将游戏开始按钮"Start_Btn"从库中拖放到Flash场景的合适位置，并将按钮实例命名为"startBtn"。

（2）游戏界面。

在主场景插入第2个关键帧，将"levelBg.jpg"位图放置在"Bg"层，将"scoreCount_Mc"和"timeBar_Mc"影片剪辑放置在"game"层合适的位置，并将实例分别命名为"scoreCount_Mc"和"timeBar_Mc"。

（3）游戏结束界面。

在主场景插入第3个关键帧，将"endBg.jpg"位图放置在"Bg"层，将"Replay_Btn"按钮元件放置在"game"层合适的合适位置，并将按钮实例命名为"replayBtn"。

3. 游戏场景跳转的实现

第1帧是游戏开始界面，单击"startBtn"按钮，游戏跳转到第2帧，为"startBtn"按钮添加鼠标事件侦听。单击鼠标执行"startBtn_Up"函数的功能，停止游戏声音的播放并且跳转到第2帧。在第1帧添加如下代码：

```
import flash.events.MouseEvent;
import flash.media.SoundMixer;
stop();
startBtn.addEventListener(MouseEvent.CLICK,startBtn_Up);
function startBtn_Up(event:MouseEvent)
{
    SoundMixer.stopAll();
    gotoAndStop(2);
}
```

第2帧是游戏主过程，在第2帧中添加"stop();"语句，根据游戏的执行过程跳转到第3帧。

第3帧是游戏结束界面，单击"replayBtn"按钮，游戏返回到第1帧，如果赢得了游戏播放胜利的声音WinSound，如果游戏失败播放失败的声音LoseSound，在第3帧添加如下代码：

```
import flash.events.MouseEvent;
import flash.media.SoundMixer;
stop();
```

```
replayBtn.addEventListener(MouseEvent.CLICK,replayBtn_Up);
function replayBtn_Up(event:MouseEvent)
{
    SoundMixer.stopAll();
    gotoAndStop(1);
}
//If "win"
if(globalControl.gameState == "win"){
    globalControl.soundState = "winSound";
    soundControl.playSound();
}
//If "lose"
if(globalControl.gameState == "lose"){
    globalControl.soundState = "loseSound";
    soundControl.playSound();
}
```

4. 游戏框架的搭建

在搭建框架的过程中依次会创建 globalControl、levelControl、uiControl、gameLevel 和 soundControl 5 个类，这些类文件能够高效地运行游戏，并方便地对游戏进行更新以及扩展。

（1）创建类文件。

在"属性"面板中，在"类"文本框中输入"globalControl"，单击右边的 ✐ 对类进行编辑，如图 6-12 所示。执行"文件"→"保存"命令，保存创建的类文件，确保将它保存到与.fla 文档相同的目录中。使用同样的方法创建 levelControl 类、uiControl 类、gameLevel 类和 soundControl 类。创建完 5 个类后，将"globalControl"类指定给主场景，如图 6-13 所示。

图 6-12 创建类文件

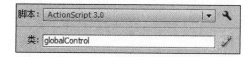

图 6-13 设定主场景的类

新建空影片剪辑元件"GameLevel"将其 AS 链接名设定为"gameLevel"，同样的方法新建空影片剪辑"LevelControl"、"SoundControl"和"UI_Control"，并分别将各自的

AS 链接名设置为"levelControl"、"soundControl"和"uiControl"。将"LevelControl"影片剪辑元件从库中拖放到主场景第 2 帧的"game"图层，并放置在（0,0）位置。

（2）编辑类文件。

1）globalControl 类。

使用 FlashDevelop 软件打开"globalControl.as"文件，完成 globalControl 类文件的编辑。在 globalControl 类中主要定义可改变、可调用的全局变量，包括 gameState、soundState、gameScore 等变量的定义，globalControl 类中的代码如下所示：

```
package
{
    import flash.display.MovieClip;
    public class globalControl extends MovieClip
    {
        public static var gameState:String;
        public static var soundState:String;

        public static var levelNum:int = 1;
        public static var gameScore:int;
        public static var gameTime:int;

        public static var boardWidth:int;
        public static var boardHeight:int;

        public static var cardScaleX:int;
        public static var cardScaleY:int;

        public static var startPosX:int;
        public static var startPosY:int;

        public function globalControl()
        {
            // constructor code
        }
    }
}
```

2）levelControl 类。

使用同样的方法在 FlashDevelop 中编辑 levelControl 类，levelControl 类用于判断游戏的等级，并对全局变量的值做出相应的改变，本游戏中的设定如下：

```
if (globalControl.levelNum == 1)
{
```

```
        globalControl.gameTime = 20;
        globalControl.boardWidth = 4;
        globalControl.boardHeight = 4;
        globalControl.cardScaleX = 140;
        globalControl.cardScaleY = 120;
        globalControl.startPosX = 375;
        globalControl.startPosY = 165;
    }
```

在 levelControl 类中，将库中 AS 链接名为"uiControl"的影片剪辑实例赋值给变量"UI_Control"，并将实例添加到场景中，其作用是启动"uiControl"脚本文件，使用到的代码如下：

```
    var UI_Control:MovieClip;
    UI_Control = new uiControl();
    addChild(UI_Control);
```

3）uiControl 类。

使用同样的方法编辑 uiControl 类，uiControl 类用于显示场景中的计分、计时等 UI 界面。在 uiControl 类中，将库中 AS 链接名为"gameLevel"的影片剪辑实例赋值给变量"GameLevel"，并将实例添加到场景中，其作用是启动"gameLevel"脚本文件，使用到的代码如下：

```
    var GameLevel:MovieClip;
    GameLevel = new gameLevel();
    addChild(GameLevel);
```

4）gameLevel 类。

使用同样的方法编辑 gameLevel 类，gameLevel 类用于随机排列宝箱、检测两次连续单击的宝箱是否一样及游戏计分、计时的设定，包括 makeCard();、clickCard();、timerSet(); 等函数的定义，gameLevel 类的设定详见"gameLevel.as"文件。

5）soundControl 类。

使用同样的方法编辑 soundControl 类，soundControl 类用于提供与声音内容相关的函数，给外部脚本调用。本游戏中，LoseSound、WinSound、firstCardSound、missSound 和 matchSound 五种声音分别在游戏失败、游戏成功、第一次单击宝箱、匹配不正确、匹配正确时播放，本游戏中的设定如下：

```
    package
    {
        import flash.display.MovieClip;
        import flash.media.Sound;
        public class soundControl extends MovieClip
        {
```

```
public function soundControl()
{
    // constructor code
}
public static function playSound()
{
    if (globalControl.soundState == "loseSound")
    {
        var loseSound:Sound=new LoseSound();
        loseSound.play();
    }
    if (globalControl.soundState == "winSound")
    {
        var winSound:Sound=new WinSound();
        winSound.play();
    }
    if (globalControl.soundState == "firstCardSound")
    {
        var firstCardSound:Sound = new FirstCardSound();
        firstCardSound.play();
    }
    if (globalControl.soundState == "missSound")
    {
        var missSound:Sound = new MissSound();
        missSound.play();
    }
    if (globalControl.soundState == "matchSound")
    {
        var matchSound:Sound=new MatchSound();
        matchSound.play();
    }
}
}
```

本章小结

　　"寻宝小矿工"是一款简单的休闲游戏，本游戏的美工设计侧重于营造一种神秘感，激发玩家寻宝的兴趣。在本游戏中如何随机排列装有不同宝石的宝箱、如何检测连续两次单击的宝箱中的宝石是否一样是实现游戏的关键。

在 ActionScript 3.0 中，类的定义、函数的使用是最基础的，本游戏中共使用了 5 个类，每一个类实现不同的功能，在使用类时要注意不同类之间的调用。在游戏制作过程中，掌握游戏的框架是很重要的，清晰的框架有助于理顺游戏的过程。

在本游戏中为了使不同的宝箱随机出现，使用了 Math.random()方法，以便于随机播放影片剪辑的不同帧，随机呈现宝箱。

思考与拓展

本章只介绍了一个关卡的制作，请参考"寻宝小矿工"游戏的制作，自主设计并完成一个多关卡的游戏。

第 **7** 章

碰撞检测：小鱼快跑

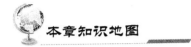
本章知识地图

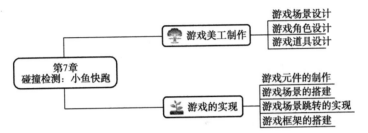

- 游戏美工制作
  - 游戏场景设计
  - 游戏角色设计
  - 游戏道具设计

第7章
碰撞检测：小鱼快跑

- 游戏的实现
  - 游戏元件的制作
  - 游戏场景的搭建
  - 游戏场景跳转的实现
  - 游戏框架的搭建

本章内容介绍

本章将制作游戏"小鱼快跑"，小鱼在水中游，玩家用渔网将鱼捕获，在规定关卡和时间内，玩家必须尽量快、尽量多地捕鱼。本游戏重在综合运用前面所学知识，深入体会函数的作用、随机数值的获取、碰撞效果的实现，掌握游戏中产生鱼、鱼移动的方法，掌握计分、计时、关卡的设定技巧。

7.1 游戏概述

7.1.1 游戏设计理念

"小鱼快跑"是一款单机休闲类游戏，适合任何年龄段玩家，主要考验玩家的手眼反应能力。游戏操作简单，小鱼游动，玩家使用渔网将鱼捕获，争取在最短的时间内捕获最多的鱼。

7.1.2 游戏规则设定

▶1．游戏操作说明

本游戏主要通过鼠标进行操作，单击鼠标，渔网撒出捕获小鱼。

▶2．游戏规则

游戏限定每一关需要捕获的鱼的数量及鱼游动的速度，玩家在规定的时间内尽可能多地捕鱼，屏幕实时显示玩家捕鱼的数量及漏网的数量。如果玩家捕鱼的数量达到关卡规定数值，游戏晋升一级，如果游戏时间到，玩家未达到捕获数量或者小鱼漏网量达到阈值，游戏结束。

7.1.3 游戏关卡设计

本游戏设定有若干个关卡，不同关卡的场景不同，在规定时间内需要捕获的鱼的数量及鱼游动的速度不同。

7.2 游戏的开发过程

本游戏分为 6 个流程：①创建项目，②游戏美工制作，③绘制程序流程图，④解决游戏关键问题，⑤实现游戏，⑥调试游戏程序、发布游戏产品。

7.2.1 第一步：创建项目

本游戏使用 FlashDevelop+Flash 的开发模式，首先在 FlashDevelop 中建立项目，单击菜单"Project"→"New Project"命令，选择"Flash IDE Project"项目，设置工程名称为"小鱼快跑"并保存在"C:\Users\Administrator\Desktop"中（如图 7-1 所示）。建立成功后，就会在"C:\Users\Administrator\Desktop"中生成一个"小鱼快跑"的文件夹，文件夹内有"小鱼快跑.as3proj"的 FlashDevelop 工程文件。接着再打开 Flash CS6，创建分辨率为 960px*720px 的 Actionscript3.0 项目，以"小鱼快跑.fla"文件名保存到"小鱼快跑"文件夹中，并且设置项目主类为"globalControl.as"（如图 7-2 所示）。

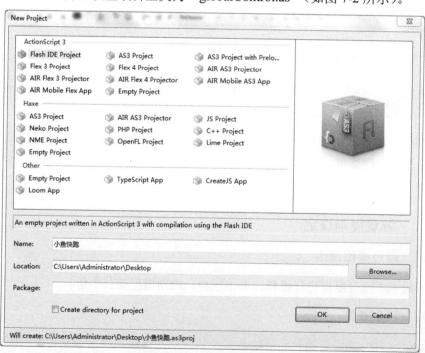

图 7-1 建立 FlashDevelop 的"Flash IDE Project"项目

图 7-2　Flash 工程文件"小鱼快跑.fla"的设置

7.2.2　第二步：游戏美工制作

▶1. 游戏场景设计

"小鱼快跑"游戏的故事背景是在大海中，小鱼在大海中自由地游来游去，玩家用渔网捕获小鱼。本游戏是一款休闲类游戏，在设计游戏场景时，采用卡通的唯美风格，场景的大小采用 960px*720px。本游戏的场景有游戏开始界面场景、游戏主场景和游戏结束界面，如图 7-3、图 7-4 和图 7-5 所示。本游戏的场景预先通过 Photoshop 软件设计好，导入到 Flash 库中使用。

图 7-3　游戏开始界面

图 7-4　游戏主场景

图 7-5　游戏结束界面

▶2. 游戏角色设计

本游戏的主要角色是小鱼，角色的设计采用卡通风格，本游戏设计了 8 种小鱼的角色，如图 7-6 所示。本游戏的角色是在 Photoshop 中预先设计好，导入到 Flash 库中再制作 8 种小鱼的影片剪辑元件，每种小鱼的影片剪辑中都做了动画效果，呈现小鱼在水中游动的状态。

图 7-6　8 种小鱼的角色

3．游戏道具设计

本游戏中用到的道具主要是捕鱼的渔网，如图 7-7 所示。不捕鱼时渔网是收起的，捕鱼时会释放渔网，本游戏的道具是在 Flash 中制作影片剪辑元件，设计完成。

图 7-7　渔网

7.2.3　第三步：绘制程序流程图

本游戏的程序流程图如图 7-8 所示。

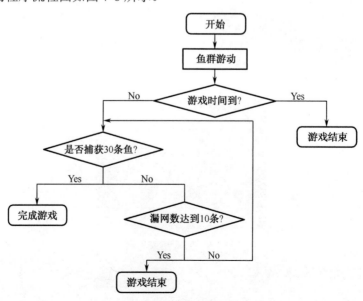

图 7-8　"小鱼快跑"游戏程序流程图

7.2.4　第四步：解决游戏关键问题

在制作游戏之前，首先要知道完成该游戏的关键点，找到解决的方法，要实现本游戏，需要解决如下几个关键问题。

问题 1：如何随机产生不同的小鱼？

解决方法：本游戏中共制作了 8 种小鱼影片剪辑，为了实现随机产生不同的小鱼，将 8 种小鱼影片剪辑放置在同一个影片剪辑 "fish_Mc" 中。在 "fish_Mc" 中共有 8 个关键帧，每个关键帧放置一种小鱼，通过 "Math.floor(Math.random() * 8) + 1;" 语句实现随机播放不同的帧，呈现不同的小鱼。在游戏中通过数组 fishArray 组织产生的小鱼，通过设置小鱼的 x、y 属性控制鱼从左、右不同的方向产生。

问题 2：如何让小鱼游动？

解决方法：小鱼的游动主要是发生在水平方向，本游戏中通过控制小鱼的 x 属性值实现游动，从左边产生的鱼 x 值增加，从右边产生的鱼 x 值减少。

问题 3：如何实现单击鼠标渔网撒开捕鱼的效果？

解决方法：在制作 "fish_Mc" 影片剪辑时，每一帧除了放置不同的小鱼角色外，同时放置了渔网 "fishingNet_Mc" 影片剪辑。单击鼠标时，通过 "fishNet.gotoAndPlay(2)" 语句播放 "fishingNet_Mc" 的第 2 帧，实现撒网效果。

7.2.5　第五步：实现游戏

▶ 1. 游戏元件的制作

（1）小鱼影片剪辑元件（共 8 个）。

命令本游戏需要制作 8 种小鱼游动的效果，新建 ActionScript 文档后，执行 "新建" → "元件" 命令，选择 "影片剪辑"，元件名称为 "fish1_Mc"，设计小鱼角色，并制作小鱼游动的动画效果，以同样的方法制作其余 7 种小鱼的游动效果。

（2）渔网影片剪辑元件 fishingNet_Mc。

新建影片剪辑元件 "fishingNet_Mc"，制作撒网效果，在第 1 帧和最后 1 帧添加 "stop();" 语句。

（3）整合小鱼影片剪辑元件 fish_Mc。

新建影片剪辑元件 "fish_Mc"，共创建 8 个关键帧，每一个关键帧上放置一种小鱼影片剪辑。新建图层 2，将渔网影片剪辑 "fishingNet_Mc" 从库中拖放到场景中，并放置在合适的位置。

（4）Start_Btn 按钮、Replay_Btn 按钮。

新建按钮元件 "Start_Btn"，结合游戏场景设计制作 "开始" 按钮，同样的步骤制作 "返回" 按钮，名称为 "Replay_Btn"，本游戏制作的按钮如图 7-9 所示。

图 7-9　游戏中的按钮

（5）制作得分计数、漏网计数、计时元件、游戏结束的状态元件。

为了及时呈现玩家在游戏过程中捕获的鱼的数量、漏网的鱼的数量及游戏的时间限定，本游戏依次制作了"scoreText_Mc"、"fleeText_Mc"和"timeBar_Mc"三个影片剪辑元件，完成后的效果如图 7-10 所示。为了在游戏结束时呈现玩家是否成功，制作了"state_Mc"元件，该元件共 3 帧，第 1 帧添加"stop();"语句，默认状态下显示空白内容。如果玩家赢得了游戏，则播放第 2 帧，显示"成功"字样；如果玩家失败，则播放第 3 帧，显示"失败"字样，如图 7-11 所示。

 0/0 0/0

图 7-10　计分、计时影片剪辑元件

图 7-11　"state_Mc"元件第 2 帧、第 3 帧的内容

2. 游戏场景的搭建

（1）游戏开始界面。

在主场景的第 1 帧完成游戏开始界面的制作，将图层 1 重命名为"Bg"，将制作好的游戏开始界面场景图片导入到库中，并将导入后的位图"startBg.jpg"从库中拖放到 Flash 场景中。新建图层，命名为"game"，将游戏开始按钮"Start_Btn"从库中拖放到 Flash 场景的合适位置，将按钮实例命名为"startBtn"。

（2）游戏界面。

在主场景插入第 2 个关键帧，将"levelBg.jpg"位图放置在"Bg"层，将"scoreText_Mc"、"fleeText_Mc"和"timeBar_Mc"影片剪辑放置在"game"层合适的位置，并将实例分别命名为"scoreText_Mc"、"fleeText_Mc"和"timeBar_Mc"。

（3）游戏结束界面。

在主场景插入第 3 个关键帧，将"endBg.jpg"位图放置在"Bg"层，将"endBtnBg.png"位图、"Replay_Btn"按钮元件和"state_Mc"影片剪辑元件放置在"game"层合适的位置，将"Replay_Btn"、"state_Mc"的实例分别命名为"replay_Btn"、"state_Mc"。

3. 游戏场景跳转的实现

第 1 帧是游戏开始界面，单击"startBtn"按钮，游戏跳转到第 2 帧。为"startBtn"按钮添加鼠标事件侦听，单击鼠标执行"startBtn_Up"函数的功能，停止游戏声音的播放并且跳转到第 2 帧。在第 1 帧添加如下代码：

```
import flash.events.MouseEvent;
import flash.media.SoundMixer;
stop();
startBtn.addEventListener(MouseEvent.CLICK,startBtn_Up);
function startBtn_Up(event:MouseEvent)
```

```
{
    SoundMixer.stopAll();
    gotoAndStop(2);
}
```

第 2 帧是游戏主过程，在第 2 帧中添加 "stop();" 语句，根据游戏的执行过程跳转到第 3 帧。

第 3 帧是游戏结束界面，单击 "replay_Btn" 按钮，游戏返回第 1 帧，如果赢得了游戏播放 "state_Mc" 的第 2 帧，如果游戏失败播放 "state_Mc" 的第 3 帧。在第 3 帧添加如下代码：

```
import flash.events.MouseEvent;
import flash.media.SoundMixer;
stop();
replay_Btn.addEventListener(MouseEvent.CLICK,replayBtn_Up);
function replayBtn_Up(event:MouseEvent)
{
    SoundMixer.stopAll();
    gotoAndStop(1);
}
//If "win"
if(globalControl.gameState == "win"){
    globalControl.soundState = "winSound";
    soundControl.playSound();
    state_Mc.gotoAndStop(2);
}
//If "lose"
if(globalControl.gameState == "lose"){
    globalControl.soundState = "loseSound";
    soundControl.playSound();
    state_Mc.gotoAndStop(3);
}
```

4．游戏框架的搭建

在搭建框架的过程中依次会创建 globalControl、levelControl、uiControl、gameLevel 和 soundControl 5 个类，这些类文件能高效地运行游戏，并方便对游戏进行更新以及扩展。

（1）创建类文件。

"属性" 面板中，在 "类" 文本框中输入 "globalControl"，单击右边的 ✏ 对类进行编辑，如图 7-12 所示。执行 "文件" → "保存" 命令，保存创建的类文件，确保将它保存到与 .fla 文档相同的目录中。使用同样的方法创建 levelControl 类、uiControl 类和 gameLevel 类、soundControl 类。创建完 5 个类后，将 "globalControl" 类指定给主场景，如图 7-13 所示。

新建空影片剪辑元件"GameLevel"将其 AS 链接名设定为"gameLevel",同样的方法新建空影片剪辑"LevelControl"、"SoundControl"、和"UI_Control",并分别将各自的AS 链接名设置为"levelControl"、"soundControl"、和"uiControl"。将"LevelControl"影片剪辑元件从库中拖放到主场景第 2 帧的"game"图层,并放置在(0,0)位置。

图 7-12 创建类文件

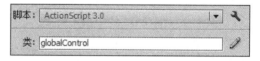

图 7-13 设定主场景的类

(2)编辑类文件。

① globalControl 类。使用 FlashDevelop 软件打开"globalControl.as"文件,完成globalControl 类文件的编辑。在 globalControl 类中主要定义可改变、可调用的全局变量,包括 gameState、soundState、gameScore 等变量的定义,globalControl 类中的代码如下所示:

```
package   {
    import flash.display.MovieClip;
    public class globalControl extends MovieClip {

        public static var gameState:String;
        public static var soundState:String;

        public static var levelNum:int = 1;
        public static var gameScore:int;

        public static var gameTime:int;

        public static var targetScore:int;
        public static var gameFlee:int;
        public static var maxFlee:int;
```

```
        public static var chanceNum:int;

        public function globalControl() {
            // constructor code
        }
    }
}
```

② levelControl 类。使用同样的方法在 FlashDevelop 中编辑 levelControl 类，levelControl 类用于判断游戏的等级，并对全局变量的值做出相应的改变，本游戏中的设定如下：

```
if (globalControl.levelNum == 1)
    {
        globalControl.gameTime = 5;
        globalControl.targetScore = 30;
        globalControl.maxFlee = 10;
        globalControl.chanceNum = 5;
    }
```

在 levelControl 类中，将库中 AS 链接名为"uiControl"的影片剪辑实例赋值给变量"UI_Control"，并将实例添加到场景中，其作用是启动"uiControl"脚本文件，使用到的代码如下：

```
var UI_Control:MovieClip;
UI_Control = new uiControl();
addChild(UI_Control);
```

③ uiControl 类。使用同样的方法编辑 uiControl 类，uiControl 类用于显示场景中的计分、计时等 UI 界面。在 uiControl 类中，将库中 AS 链接名为"gameLevel"的影片剪辑实例赋值给变量"GameLevel"，并将实例添加到场景中，其作用是启动"gameLevel"脚本文件，使用到的代码如下：

```
var GameLevel:MovieClip;
GameLevel = new gameLevel();
addChild(GameLevel);
```

④ gameLevel 类。使用同样的方法编辑 gameLevel 类，gameLevel 类用于控制鱼的产生、鱼的运动、捕鱼效果及捕鱼数量和游戏时间的设定，包括 makeFishs();、moveFishs();、testCollisions();、timerSet() 等函数的定义，gameLevel 类的设定详见"gameLevel.as"文件。

⑤ soundControl 类。使用同样的方法编辑 soundControl 类，soundControl 类用于提供与声音内容相关的函数给外部脚本调用。本游戏中 LoseSound、WinSound、MissSound、clickSound 4 种声音分别在游戏失败、游戏成功、鱼漏网、捕获鱼时播放，本游戏中的设定如下：

```
        public static function playSound()
        {
                if(globalControl.soundState == "loseSound"){
                    var loseSound:Sound=new LoseSound();
                    loseSound.play();
                }
                if(globalControl.soundState == "winSound"){
                    var winSound:Sound=new WinSound();
                    winSound.play();
                }
                if(globalControl.soundState == "missSound"){
                    var missSound:Sound = new MissSound();
                    missSound.play();
                }
                if(globalControl.soundState == "clickSound"){
                    var sound:Sound=new Pop();
                    sound.play();
                }
        }
```

本章小结

"小鱼快跑"是一款简单的休闲类游戏，本游戏在美工设计时采用卡通的唯美风格，以此来吸引玩家，在本游戏中，如何让不同的鱼在水中游动、渔网捕鱼效果的实现是完成游戏的关键。

本游戏中，将 8 种鱼的影片剪辑放置在同一个影片剪辑的不同帧上，同时将渔网影片剪辑也放置在帧上。通过 Math.random()方法的使用，随机播放不同的帧以实现在游戏场景中随机出现不同的小鱼。当鼠标单击小鱼时开始播放渔网影片剪辑的第 2 帧，以呈现渔网捕鱼的效果。

思考与拓展

本章只介绍了一个关卡的制作，请参考"小鱼快跑"游戏的制作，自主设计并完成一个多关卡的游戏。

第 *8* 章

游戏引擎使用：拆方层

本章知识地图

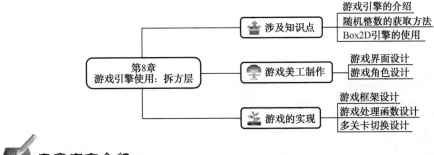

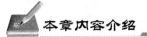
本章内容介绍

本章"拆方层"是一款休闲策略类游戏，适合任何年龄段的玩家。本游戏操作十分简单，玩家只需要通过单击就能消除方块，让方块堆形成倒塌的状态。游戏的规则相对简单，每个关卡中有不同类型的方块，纸质和木质方块是可以通过单击实现消除的，铁质方块是不能消除的。方块层叠堆砌，其中游戏主角"方块头"就存在在方块堆内，玩家单击消除方块，就会让方块产生倒塌现象，这时需要玩家通过合理分析，拆除适当的方块，让"方块头"落入指定的铁盒中，方为过关。在本章游戏学习前，介绍游戏引擎的概念及作用，并且通过对两个游戏案例介绍了 Tweening 引擎和 Box2D 引擎的使用方法。

通过本游戏的制作，应该掌握如何使用第三方的 ActionScript 游戏引擎，掌握游戏架构设计、主函数中处理函数的设定与调用、多关卡切换处理方法等技巧。

8.1 游戏引擎的介绍

曾经有一段时期，游戏开发者关心的只是如何尽量多地开发出新的游戏并把它们推销给玩家。尽管那时的游戏大多简单粗糙，但每款游戏的平均开发周期也要达到 8 到 10 个月以上，这一方面是由于技术的原因，另一方面则是因为几乎每款游戏都要从头编写代码，造成了大量的重复劳动。渐渐地，一些有经验的开发者摸索出了一条偷懒的方法，他们借用上一款类似题材的游戏中的部分代码作为新游戏的基本框架，以节省开发时间和开发费用。这样就有了游戏引擎的诞生。游戏引擎是指一些已经编写好的可编辑计算机游戏系统或者一些交互式实时图像应用程序的核心组件。这些系统或者核心组件为游戏设计者提供编写游戏所需要的各种工具，其目的在于让游戏设计者能够容易和快速地做出游戏程序而不用由零开始。

　　简单来说，游戏引擎是一个运行某一类游戏的机器设计的能够被机器识别的代码（指令）集合。它像一个发动机，控制着游戏的运行。一个游戏作品可以分为游戏资源和游戏引擎两大部分。游戏资源包括图像、声音、动画等部分，列一个公式：游戏=引擎（程序代码）+资源（图像、声音、动画等）。游戏引擎则是按游戏设计要求的顺序调用这些资源。游戏引擎包含以下系统：渲染引擎（即"渲染器"，含二维图像引擎和三维图像引擎）、物理引擎、碰撞检测系统、音效、脚本引擎、电脑动画、人工智能、网络引擎以及场景管理。

　　现今比较著名的游戏引擎有 Quake、Unreal、Source、Frostbite、Unity 等，例如，Unreal Engine（虚幻引擎，简称 UE）是 EPIC GAME 从自家的 FPS 游戏《虚幻》延伸出来的，如图 8-1 所示。UE3 取得了商业上的巨大成功，《战争机器》、《彩虹六号》、《生化奇兵》、《质量效应》、《战地之王》、《荣誉勋章》、《镜之边缘》、《蝙蝠侠》等著名游戏都是出自 UE3。

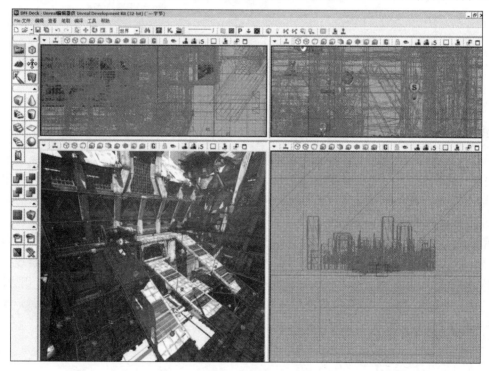

图 8-1　Unreal 3 制作游戏的画面

8.1.1　Flash AS3.0 的主流引擎

　　Flash 游戏的开发与传统游戏一样，同样离不开游戏引擎。随着 Flash 游戏开发规模的日益壮大，许多游戏厂商陆续发布支持 ActionScript 3.0 的游戏引擎。现在主流的 ActionScript 3.0 游戏开发引擎有几十种之多，内容涵盖了游戏架构、游戏组件、光影系统、地图编辑、3D、2.5D、2D、物理运动、粒子系统、补间动画、声音控制等各个方面。其中游戏架构类型引擎比较著名的有 Ffilmation（http://www.ffilmation.org）、PushButton（http://pushbuttonengine.com/）、Citrus Engine（http://citrusengine.com/）、Flixel（http://flixel.org）、Yogurt3d（http://www.yogurt3d.com/en/）等。例如，Ffilmation 引擎是 ActionScript

3.0 的二维 2.5D 游戏（类似暗黑破坏神）引擎，主要用于游戏开发。这个项目的主要目的是提供一个稳定的开发平台，这样游戏设计师就可以忘记游戏渲染引擎把精力精中在游戏内容的细节方面。同时引擎还提供 AIR 的地图编辑器，从"关卡制作"的角度来看，这个引擎的可用性非常高。又如，PushButton 引擎所设计的框架结构提供了一种新的游戏形成机制，PushButton 引擎集合了非常多的现存的制作 Flash 游戏的库和组件。可以花很少的时间写代码，更多的时间用在制作有趣的游戏戏上面（如图 8-2 所示）。

图 8-2　由 PushButton 引擎制作的游戏画面

　　随着 3D 游戏日渐盛行，基于 ActionScript 3.0 的 3D 引擎也是现在应用最多的一类引擎之一，比较著名的有 Papervision3D、Away3D（www.away3d.com/）、Sandy3D（www.flashsandy.org/）、Alternativa3D（www.alternativaplatform.com）、FIVe3D（five3d.mathieu-badimon.com/）等。例如，Away3D 引擎是 Flash 或 Flex 上的一个功能强大且实时的 3D 引擎，具有快速、高效、API 清楚等优点。具有 view 视口、scene 场景、camera 摄像机和 3D 物体 4 个部分。而 Alternativa3D 引擎最新版本的速度是比较快的，它能同时支持高达 12000 个多边形，其他的特点是动态和静态的 BSP、多种方式的剔除、层次细节模型、骨骼动画、碰撞检测等。它工作在一个物理引擎上，包含了一个 3DS Max 插件（如图 8-3 所示）。此外，最为广泛使用的引擎还有在动画补间方面的 Tweening 引擎，在 2D 物理碰撞方面的 Box2D 引擎等，我们将在后面章节详细进行介绍。

图 8-3　由 Alternativa3D 引擎制作的 3D Flash 游戏（www.alternativaplatform.com）

8.1.2 补间引擎 Tweening 的应用

Tweening 是由 greensock 公司（www.greensock.com）设计的一组功能强大、易于使用、基于 ActionScript 语言的缓动补间引擎，Tweening 家族中包含 TweenFilterLite、TweenLite、TweenMax 等类包，其中 TweenLite 和 TweenMa 应用最为广泛，很多 Flash 游戏的运动和补间特效都使用了 Tweening 引擎。其中，TweenMax 是建立在 TweenLite 核心类及 TweenFilterLite 基础之上的，它为 Tween 家族增加了很多很受欢迎的功能，从而使家族更加的壮大，如贝赛尔缓动、暂停/继续能力、简便的连续缓、16 进制颜色缓动，以及更多的内容。TweenMax 采用了与 TweenLite 相似的易于学习的语法结构，可以做任何 TweenLite 和/或者 TweenFilterLite 能做的事，还加上了更多的特色。

TweenMax 类包中直接包含独立的 TweenLite 和 TweenFilterLite 类，因此下载这一个包就可以了（http://blog.greensock.com/tweenmaxas3/），并且把包直接部署到 Flash 游戏项目的文件夹就可以使用，具体方法是在工程文件中使用 import 方法将 TweenMax 类包中的应用导入，如下代码所示：

```
import com.greensock.*;              //TweenMax 类包
import com.greensock.easing.*;       //缓动插件类
import com.greensock.events.*;       //事件处理类
```

TweenMax 类的具体实例方法：

```
TweenMax.to (target:Object, duration:Number, variables:Object):TweenMax
```

- target：要缓动的目标对象。
- duration：缓动的持续时间。
- variables：定义要缓动的目标对象的属性，属性除了拥有 TweenLite 所拥有的所有特性外，同时额外增加了一些属性，包括有：
  ✓ timeScale：控制缓动速度的倍数。1 表示正常速度，2 表示双倍速度等。
  ✓ bezier：贝赛尔缓动允许使用非线性的缓动路径。
  ✓ bezierThough：基本同 bezier 一致，只不过这里传入的参数并不是"control point"，而是要经过的点，这比使用 control point 更加直观。
  ✓ orintToBezier：设计者/开发人员有时候想让 MovieClip/Sprite 在缓动时能够朝向 Bezier 路线，而 orientToBezier 使得实现这个效果变得非常简单。

TweenMax 的 variables 对象一共具有属性 29 个，PlugIn 插件 17 个，公共属性 10 个，公共方法 20 个，详见 TweenMax 文档（greensock.com/asdocs/com/greensock/TweenMax.html），TweenMax 的缓动特效往往都是 variables 对象来实现的，但是由于过于多样和复杂，初学者难以一下子全部了解其内容，可以通过下载 greensock 公司提供的 TweenLite/TweenMax 的 PlugIn 浏览器（http://greensock.com/tweenmax-as）进行缓动测试，然后直接获取相应的代码来使用（如图 8-4 所示）。

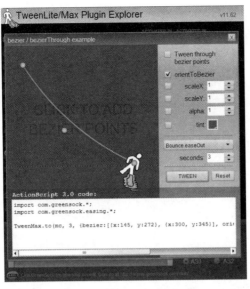

图 8-4　TweenLite/TweenMax 的 PlugIn 浏览器（http://greensock.com/tweenmax-as）

在以下案例中我们使用 TweenMax 多种方法来实现红色小鸟的抛物线运动（见随书代码案例 8-1），代码如下：

```
//通过 import 导入 TweenMax 类包及相关处理类
import com.greensock.*;
import com.greensock.easing.*;
import com.greensock.plugins.*;

public class Bird extends MovieClip {
    public var bg:Sprite;
    public var bird:MovieClip;

    public function Bird() {
      addEventListener(Event.ADDED_TO_STAGE, addedToStage, false, 0, true);
    }

    private function addedToStage(e:Event):void
    {
        bg = new Background;
        bird = new Redbird();      //创建红色的小鸟
        bird.x = 200;
        bird.y = 350;
        addChild(bg);              //添加背景
        addChild(bird);            //添加红色小鸟到舞台

//让小鸟的 alpha 值在 3 秒内变为 50%
```

```
TweenMax.to(bird, 3, {alpha:0.5});

//让小鸟用 2 秒大小变为 150%使用 Elastic.easeOut 过渡效果
TweenMax.to(bird, 2, {scaleX:1.5, scaleY:1.5, ease:Elastic.easeOut});

//让小鸟用 1 秒从原位置的上方 100 像素往下移动，并且 alpha 值变为 0
TweenMax.from(bird, 1, {y:"-100", alpha:0});

//让小鸟用 1 秒从 x 坐标 100 到 300 ，并且色调变为(0xFF0000)
TweenMax.fromTo(bird, 1, {x:100}, {x:300, tint:0xFF0000});

//让小鸟用 3 秒从原点到 x:329, y:128 做贝塞尔曲线运动
TweenMax.to(bird, 3, {bezier:[{x:119, y:231}, {x:272, y:230}, {x:329, y:128}],
orientToBezier:true, ease:Elastic.easeOut});

//小鸟延时 3 秒后用 5 秒时间让 x 坐标变为 300 使用 Back.easeOut 过渡效果，缓动结束
后调用 onFinishTween 方法，传递的参数是 5
TweenMax.to(bird, 5, {delay:3, x:300, ease:Back.easeOut, onComplete:onFinishTween,
onCompleteParams:[5, bird]});

function onFinishTween(param1:Number, param2:MovieClip):void {
        trace("The tween has finished! param1 = " + param1 + ", and param2 = " + param2);
}

//延时 2 秒后调用 myFunction 方法 参数是: "myParam"
TweenMax.delayedCall(2, myFunction, ["myParam"]);

//创建一个名为 MyTween 的 TweenMax 对象，让小鸟用 3 秒时间 y 坐标变为 200，该
缓动重发 2 次，每次延时 1 秒钟，全部结束后调用 myFunction 方法
var myTween:TweenMax = new TweenMax(bird, 3, {y:200, repeat:2, repeatDelay:1,
onComplete:myFunction});

//让小鸟反向缓动回到原点
myTween.reverse();

//暂停小鸟的缓动
myTween.pause();

//重新开始小鸟的缓动
myTween.restart();
```

```
//让缓动到 50%
myTween.progress(0.5);
        }
    }
```

8.1.3 物理引擎 BOX2D 的应用

BOX2D 是一个模拟 2D 物理世界的游戏引擎，是目前游戏设计领域创建 2D 物理驱动游戏与应用的最佳选择。许多著名的手机游戏，如《愤怒的小鸟》、《水果忍者》、《割绳子》、《蜡笔物理学》等都是 BOX2D 引擎的杰作。BOX2D 引擎也是支持 ActionScript 3.0 和 FlashPlayer 的，最新版本是 Box2DFlash 2.1a（http://www.box2dflash.org/download）。其使用的方法跟其他 ActionScript 游戏引擎一样，下载安装包，解压缩后直接部署到游戏项目源文件的根目录就可以使用了。应用 BOX2D 引擎我们必须了解一些 BOX2D 环境中的基本概念，具体如下。

刚体（rigid body）

一块十分坚硬的物质，它上面的任何两点之间的距离都是完全不变的。它们就像钻石那样坚硬。

形状（shape）

一块严格依附于物体（body）的 2D 碰撞几何结构（collision geometry）。形状具有摩擦（friction）和恢复（restitution）的材料性质。BOX2D 包含的形状：POLYGON（多边形）、CIRCLE（圆）、EDGE（边）、STATIC（静态）、DYNAMIC（动态）和 KINEMATIC（运动）。

约束（constraint）

一个约束（constraint）就是消除物体自由度的物理连接。在 2D 中，一个物体有 3 个自由度。如果把一个物体钉在墙上（像摆锤那样），那就把它约束到了墙上。这样，此物体就只能绕着这个钉子旋转，所以这个约束消除了它两个自由度。在游戏《割绳子》中这种情况最为常见。

接触约束（contact constraint）

一个防止刚体穿透，以及用于模拟摩擦（friction）和恢复（restitution）的特殊约束，它们会自动被 BOX2D 创建。

关节（joint）

它是一种用于把两个或多个物体固定到一起的约束。BOX2D 支持的关节类型：旋转、棱柱、距离等。

关节限制（joint limit）

一个关节限制（joint limit）限定了一个关节的运动范围。例如，人类的胳膊肘只能做某一角度范围的运动。

关节马达（joint motor）

一个关节马达能够依照关节的自由度来驱动所连接的物体。例如，你可以使用一个马达来驱动一个肘的旋转。

世界（world）

一个物理世界就是物体、形状和约束相互作用的集合。BOX2D 支持创建多个世界，但这通常是不必要的。

解算器（solver）

物理世界有一个解算器，用于推进的时间及解决接触和连接的限制。BOX2D 的求解器是一个高性能的迭代，其有效时间为 N，其中 N 是求解上限。

连续碰撞（continuous collision）

利用求解器的优势可以模拟连续碰撞。但若不加干预，这可能会导致无限循环碰撞。

使用 BOX2D 引擎能够实现对物理世界的模拟，其中的现实世界、重力、摩擦力等因素都需要模拟，在具体的编程环境中我们还需要注意以下一些问题。

（1）BOX2D 中的计量单位是米 m，而不是 Flash 中的像素 px，在设置坐标时，要进行一个转换，1m=30px。所以 BOX2D 中(a,b)点对于 Flash 中的(a*30,b*30)的位置，或者说 Flash 中的(c,d)位置对应 BOX2D 中的(c/30,d/30)位置。

（2）BOX2D 使用 b2DebugDraw 进行模拟调试，BOX2D 是一个物理引擎，不会向 Flash 显示列表中添加任何显示对象。不过 BOX2D 中有一个 b2DebugDraw 类，可以绑定一个显示对象，进行模拟调试。创建一个空的 Sprite 对象 debugSprite，并添加到舞台中就可以了（具体见书本例子 8-2 "Freedrop"）。

（3）World 的更新，Box2D 的和 Flash 一样，需要实时更新，Flash 中有 ENTER_FRAME，b2world 有 step，其参数一表示模拟的时长，二表示限制碰撞后检测程序运行的次数，防止死循环。

在例子 8-2 "FreeDrop" 中，我们将创建一个鼠标单击生成方块自由落体的小游戏。在这个程序中，首先利用 BOX2D 创建一个物理世界，BOX2D 的世界类称为 b2World，它是 BOX2D 系统模拟物理世界的核心。创建 b2World 还需要两个重要的物理量，一个是重力 b2Vec2 类，一个是静止对象 doSleep，通过 doSleep 来判断物理世界处理运动还是静止的状态。具体代码如下：

```
//创建虚拟的物理世界
    private function createWorld():void {
        //创建世界的重力对象，重力为 10 牛
        var gravity:b2Vec2 = new b2Vec2(0, 10);
```

110

```
//设置世界静止对象是否模拟，true 为运动状态
var doSleep:Boolean = true;
//创建 b2World 世界
world = new b2World(gravity, doSleep);
}
```

然后需要创建一个方状的刚体，刚体的创建可以看做是一个工厂模式，首先根据刚体需求类 b2BodyDef 生产指定的刚体。当刚体生成后，需要根据形状需求类 b2PolygonShape 定义形状，再设计形状的具体需求类 b2FixtureDef，最后生成刚体的具体形状（如图 8-5 所示）。

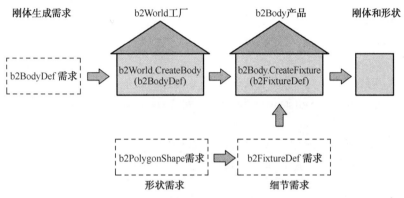

图 8-5　完整刚体的生成过程

```
private function createBody(posX:Number,posY:Number):void
{
    //1.创建刚体需求 b2BodyDef
    var bodyRequest:b2BodyDef = new b2BodyDef();
    bodyRequest.type = b2Body.b2_dynamicBody;//默认为 b2Body.b2_staticBody
    bodyRequest.position.Set(posX / 30, posY / 30);//设置具体的位置，米和像素需要转换

    //2.Box2D 世界工厂根据需求创建 createBody()生产刚体
    body = world.CreateBody(bodyRequest);

    //3.需要生产的 b2PolygonShape 类型的具体形状
    var shapeRequest:b2PolygonShape = new b2PolygonShape();
    shapeRequest.SetAsBox(1, 1);

    //4.b2FixtureDef 是刚体生产要求，包括:
    var fixtrueRequest:b2FixtureDef = new b2FixtureDef();
    fixtrueRequest.shape = shapeRequest;//b2Fixture 的必要条件，定义形状
    fixtrueRequest.density = 1;          //密度系数 为 0 时刚体静止
    fixtrueRequest.friction = 0.3;       //摩擦力系数 0-1 范围
```

```
fixtrueRequest.restitution = 0;          //弹力系数   0-1 范围

//5.刚体工厂根据需求 fixtrueRequest 生产形状
body.CreateFixture(fixtrueRequest);
}
```

接着创建虚拟地面，地面其实也就是一个刚体而已，只是一个长条形状、大于舞台宽度的静止刚体而已。而需要让刚体静止，只要 b2FixtureDef 的密度 density 属性为 0，就代表刚体属于静止了，代码如下：

```
//1.创建刚体需求 b2BodyDef
var bodyRequest:b2BodyDef = new b2BodyDef();
bodyRequest.type = b2Body.b2_staticBody;

//设置具体的位置，米和像素需要转换
bodyRequest.position.Set(stage.stageWidth/2 / 30, stage.stageHeight/30);

//2.BOX2D 世界工厂根据需求创建 createBody()生产刚体
body=world.CreateBody(bodyRequest);

//3.创建形状需求 b2ShapeDef 的子类
var groundShape:b2PolygonShape = new b2PolygonShape();
groundShape.SetAsBox(stage.stageWidth / 30, 1);   //与舞台同宽
var fixtureRequest:b2FixtureDef = new b2FixtureDef();

//详细说明我们的需求
fixtureRequest.shape = groundShape;
fixtureRequest.density = 0;       //密度系数为 0 代表物体静止
fixtureRequest.friction = 0.3;
fixtureRequest.restitution = 0.2;
//4.b2Body 刚体工厂根据需求 createShape 生产形状
body.CreateFixture(fixtureRequest);
```

最后设置 b2DebugDraw 进行模拟调试，具体过程上文已经描述，具体代码如下：

```
//创建模拟调试环境
        private function createDebug():void   {
            //创建 Sprite 对象，并加入舞台
            var debugSprite:Sprite = new Sprite();
            addChild(debugSprite);
            //创建调试 b2DebugDraw 类
            var debugDraw:b2DebugDraw = new b2DebugDraw();
```

```
            //b2DebugDraw 与舞台中的 Sprite 捆绑
        debugDraw.SetSprite(debugSprite);
        debugDraw.SetDrawScale(30);
        debugDraw.SetFillAlpha(0.5);
        debugDraw.SetLineThickness(1.0);
        debugDraw.SetFlags(b2DebugDraw.e_shapeBit | b2DebugDraw.e_jointBit);
        world.SetDebugDraw(debugDraw); //b2world 设置调试
    }
```

8.2 游戏概述

8.2.1 游戏设计概念

"拆方层"是一款休闲策略类游戏，适合任何年龄段的玩家。本游戏操作十分简单，玩家只需通过单击就能消除方块，让方块堆形成倒塌的状态，有一定的随机性，效果有部分模拟游戏《愤怒的小鸟》的积木倒塌，最终目的是要求不能让"方块头"落到地上，必须落到指定的铁盒中。

8.2.2 游戏的规则设置

游戏的规则相对简单，每个关卡中有不同类型的方块，纸质和木质方块是可以通过单击实现消除的，铁质方块是不能消除的。方块层叠堆砌，其中游戏主角"方块头"就存在在方块堆内，玩家单击消除方块，就会让方块产生倒塌现象，这时需要玩家通过合理分析，拆除适当的方块，让"方块头"落入指定的铁盒中，方为过关，具体规则如下。

（1）一次只能单击拆除一个方块。

（2）方层倒塌，"方块头"落到地上，通关失败。

（3）方层倒塌，"方块头"落入指定铁盒，关卡通过。

（4）关卡时间不限，可以重设方层。

8.2.3 游戏关卡设计

本游戏初步设定有 5 个关卡，不同关卡方层的方块数量和堆砌形式不一样，随着关卡的深入，方层的方块数量会有所增加，复杂度也不断加大，通关时间不确定，玩家可以重设方层（如图 8-6 所示）。

图 8-6 游戏"拆方层"关卡设计图

8.3 游戏的开发过程

本游戏分为 6 个流程：①创建项目，②游戏美工制作，③绘制程序流程图，④解决游戏关键问题，⑤实现游戏，⑥调试游戏程序、发布游戏产品。

8.3.1 第一步：创建项目

本游戏使用 FlashDevelop+Flash 的开发模式，首先在 FlashDevelop 中建立项目，单击菜单"Project"→"New Project"命令，选择"Flash IDE Project"项目，设置工程名称为"blocky"并保存在"C:\Users\Administrator\Desktop"中（如图 8-7 所示）。建立成功后，就会在"C:\Users\Administrator\Desktop"中生成一个 blocky 的文件夹，文件夹内有 blocky.as3proj 的 FlashDevelop 工程文件。接着打开 Flash CS6，创建分辨率为 800px*600px 的 ActionScript 3.0 项目，以 blocky.fla 文件名保存到 blocky 文件夹中，并且设置项目主类为"Main.as"（如图 8-8 所示）。本项目要使用到 BOX2D 引擎（下载地址 http://code.google. com/p/b2ide/downloads/list），下载解压后，将整个引擎文件夹 BOX2D 放入 blocky 项目文件，最后打开 blocky.as3proj，通过 FlashDevelop 在 blocky 项目文件夹中建立 Main.as 文件，就可以开始游戏代码的编写工作了（见随书案例 8-3）。

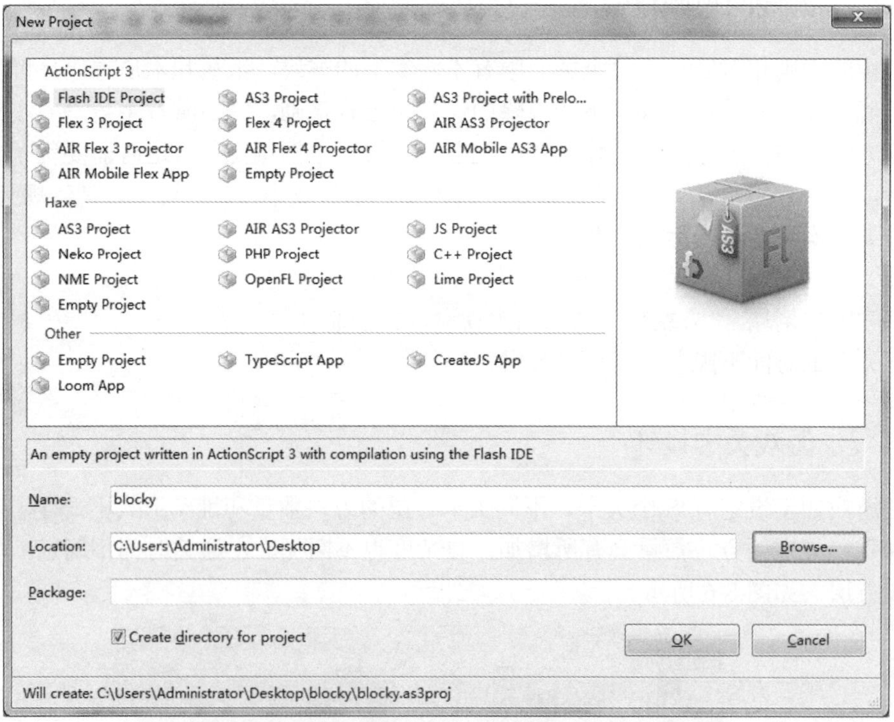

图 8-7　FlashDevelop 的"Flash IDE Project"项目

图 8-8　Flash 工程文件 blocky.fla 的基本设置

8.3.2　第二步：游戏美工制作

1. 游戏角色设计

本游戏角色包括有主角"方块头"和其他方块，"方块头"需要有拟人化的设计理念，并且是受保护对象，应具备一些简单的表情。此外，其他方块有纸质、木质、铁质，而且方块的大小尺寸也应该不一样，这些方块都需要将其材质很好的表现出来（如图 8-9 和图 8-10 所示），另外方块的大小以 48px*48px 为基本单位设计。

图 8-9　游戏的角色"方块头"和目标铁盒的设计图

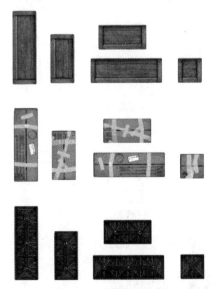

图 8-10　游戏中各种不同材质和大小的方块设计图

▶▶2．游戏界面设计

本游戏界面设计风格比较简洁，游戏场景只需要一个背景图就可以了，另外地面需要设计得颜色生动一些，最好能表现出草的层次和土的纹理，与方块的颜色形成鲜明的对比。另外整个游戏场景的大小采用 800px*600px，在不同关卡还要显示具体关卡的名称，所以需要设计一些关卡标志板，还需要设计关卡重设按钮，关卡标志板和按钮采用石质的风格（如图 8-11 所示）。

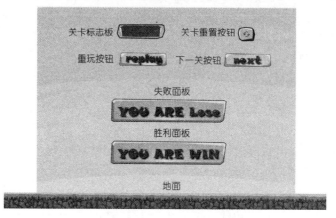

图 8-11　游戏界面元素设计图

8.3.3　第三步：绘制程序流程图

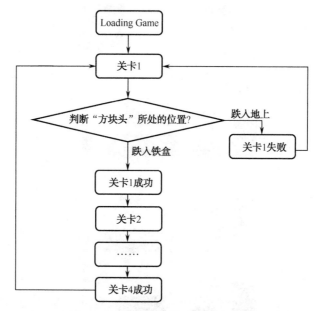

图 8-12　"拆方层"游戏程序流程图

8.3.4　第四步：解决游戏关键问题

在上文中已经详细介绍了一些 ActionScript 3.0 游戏引擎的使用情况，其中特别介绍了 BOX2D 的应用，初步了解虚拟世界和刚体的创建。在本游戏中将更深入地使用 BOX2D

引擎。另外本游戏在关卡跳转处理方面还要解决一些问题，所以要完成该游戏设计，必须先解决一些关键问题，具体如下。

问题 1：如何实现 BOX2D 刚体与 Flash 设计好的方块图块 MC 进行捆绑？

解决方法：在创建"刚体需求（b2BodyDef）"时，可以通过 userData 属性给刚体准备一套"外衣"，这套"衣服"通常是 AS3 中的 DisplayObject 对象，但也可以是任何对象类型。以地面刚体捆绑地面图块为例，代码如下（见随书案例 8-3）：

```
//生成地面的方法函数
private function floor():void {
        var bodyDef:b2BodyDef=new b2BodyDef();   //创建刚体需求
        bodyDef.position.Set(400/worldScale,576/worldScale); //设置地面刚体位置
        //创建 b2BodyDef 的 userData 对象
        bodyDef.userData=new Object();
        //设置 userData 对象的名称
        bodyDef.userData.name="floor";
        //通过 userData 对象的 asset 实现了与 Flash 内置的地面 MC 进行绑定
        bodyDef.userData.asset=new Floor();
        //将 asset 加入到舞台，实现了地面刚体显示地面图块的效果
        addChild(bodyDef.userData.asset);
        …..}
```

问题 2：当方层被拆除后，如何实现对虚拟世界的更新？

解决方法：通过 b2World 的 step 方法来刷新整个世界。step 方法要传递 3 个参数 timeStep、velocityIterations、positionIterations。timeStep 为时步，时步的大小最好设置为 Flash 工程项目 fps 的倒数。如果 Flash 的 fps 是 30，那么 timeStep 就设置为 1/30。velocityIterations 和 positionIterations 为速度迭代和位置迭代，这两个值通常建议设置为 10，更低的迭代值会牺牲一些准确性，相反的为程序提升一部分性能。更新了 step 后，需要清除虚拟世界所焦点。

问题 3：当刚体在移动的时候，发现之前捆绑的 MC 没有动怎么办？

解决方法：BOX2D 只是一个物理引擎，它与 AS3 没有直接的联动关系。就像 MVC 一样，view 需要根据 model 的数据实时更新显示，同样刚体的"上衣"也要跟着刚体走。这一点实现起来很简单，只要获取 b2Body 的 position 和 angle 属性，然后再把"衣服"放到相同的位置和角度就可以了，具体代码如下（见随书案例 8-3）：

```
//更新世界方法函数
private function updateWorld(e:Event):void {
        //转换弧度数
        var radToDeg:Number=180/Math.PI;
        //world 是之前创建的 b2World
        world.Step(1/30,10,10); //设置时长为 30，与 Flash 的 fps 对应
        world.ClearForces(); //清除世界的焦点，完成 update 世界
        if (! gameOver) {
```

```
//对世界内的所有刚体经行遍历处理
for (var b:b2Body=world.GetBodyList(); b; b=b.GetNext()) {
    if (b.GetUserData()) {
        //更新每个刚体所捆绑的 MC 实例的坐标值和旋转方向
        b.GetUserData().asset.x=b.GetPosition().x*worldScale;
        b.GetUserData().asset.y=b.GetPosition().y*worldScale;
        b.GetUserData().asset.rotation = b.GetAngle() * radToDeg;
        ……   }  }  }
```

问题 4：如何检测刚体的碰撞检测？

解决方法：BOX2D 是一个非常强大的 2D 物理引擎，可以帮助我们实现精确的碰撞检测，并模拟 2D 碰撞。针对不同的游戏，碰撞后的处理方式是不同的，可能是变更运动轨迹（如桌球游戏）、可能是销毁对象（如愤怒的小鸟）等。而实现这一切可能的效果，BOX2D 中获取碰撞对象的方法有两种，一个是通过 world.GetContactList().bodyA 和 bodyB 来获取碰撞双方；另外一个是自定义 BOX2D.Dynamics 下的 b2ContactListener 类，侦听碰撞后的事件，然后做进一步的处理。就第一种方法而言，world.GetContactList()会返回一个 b2Contact 对象，b2Contact 用来管理碰撞的 shape，任何有超过两个及以上接触点的刚体，BOX2D 都认为发生了碰撞，并用 b2Contact 来管理。通过 b2Contact 的 GetFixtureA()方法和 GetFixtureB()方法，可以获取碰撞对象的 b2Fixture 属性引用，进而获取碰撞对象。如下代码所示：

```
var contactList:b2Contact = world.GetContactList();
    var bodyA:b2Body = contactList.GetFixtureA().GetBody();
    var bodyB:b2Body = contactList.GetFixtureB().GetBody();
```

但是在 b2Contact 或 b2ContactListener 中，我们获取的 bodyA 和 bodyB 无法知道哪个是游戏主角，哪个是敌人，需要分别确认一下 bodyA 和 bodyB。

8.3.5 第五步：实现游戏的框架结构

▶ 1. 游戏元件素材制作与整理

游戏的元件素材大体包含界面、角色、按钮、音效等方面的内容，在元件美术制作完成之后，需要对元件素材进行编辑和整理，特别是为了以后游戏后续版本的开发和移植，元件库必须分类存放元件素材（如图 8-13 所示），并且对元件的命名要有一定的规范性，最后对每一个游戏所使用的元件进行 AS 类的链接（如图 8-14 所示）。我们可以这样认为 Flash IDE 本身是一个游戏元件的制作编辑工具，所有制作完成的美工元件素材都统一存放到元件库中进行管理，游戏所有交互功能就完全利用 ActionScript 3.0 来执行，需要时就可以从元件库中实例化对象加以应用就可以了。假如游戏需要修改某些角色或者界面，是不需要去修改 ActionScript 3.0 原程序的语句的，直接在 Flash IDE 环境下直接修改，重新发布就可以了，这样就很好地实现了游戏程序与美工素材的结合。

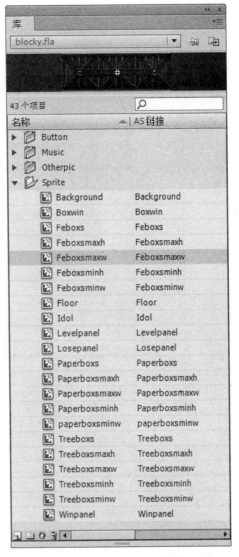

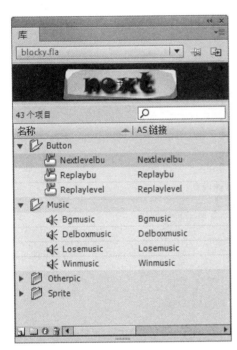

图 8-13　游戏元件库分类管理情况图　　　　图 8-14　游戏元件 AS 链接情况图

▶2．游戏框架搭建

本游戏的框架实现比较简单，基本上整个游戏的核心包括关卡设计、刚体方块的生成、方块拆除处理等基本核心功能，所以游戏基本上在主类 Main.as 中完成，大部分工作交到 gameinit()、levelinit()、updateworld()、brick()等核心函数实现，具体如图 8-15 所示。

（1）游戏初始化设计 gameinit()函数。

由于本游戏玩法比较简单，所以一切以简洁为主，省去开始界面，游戏打开就马上进入游戏的第一关卡。针对这样一个情况，游戏场景搭建就相对容易很多，直接设置一个 gameinit()函数来实现游戏的初始化。gameinit()函数中分别对游戏的背景图、背景音乐、关卡重设按钮、关卡标示版和关卡文本进行设置，如下代码所示：

```
    // 游戏主函数
    public function Main() {
        gameinit();      //游戏初始化函数
        levelinit();     //游戏关卡初始化函数
        addEventListener(Event.ENTER_FRAME, updateWorld);//更新虚拟世界
        }
      //游戏初始化函数
    private function gameinit():void {}
    //游戏关卡初始化函数
    private function levelinit():void {}
    //拆除方块处理事件句柄
    private function destroyBrick(e:MouseEvent):void {}
    //删除方块函数
    private function queryCallback(fixture:b2Fixture):Boolean {}
    //生成地面的方法函数
    private function floor():void {}
    //生成方块头函数
    private function idol(pX:Number, pY:Number):void {}
    //生成方块函数
    private function brick(pX:int,pY:int,w:Number,h:Number,s:String,asset:Sprite):void {}
    //更新世界方法函数
    private function updateWorld(e:Event):void {}
    //关卡成功处理函数
    private function levelWined():void {}
    //关卡失败处理函数
    private function levelFailed():void {}
    //重启游戏函数
    private function replaygame(e:MouseEvent):void {}
    //进入下一关卡函数
    private function nextlevelplay(e:MouseEvent):void {}
    //重设关卡函数
    private function resetlevel():void {}
    //重设当前关卡处理事件句柄
    private function resetthislevel(e:MouseEvent):void {}
```

图 8-15　游戏主类 Main 的主要函数解析图

```
//游戏主函数
public function Main() {
    gameinit();      //游戏初始化函数
    levelinit();     //关卡初始化函数
    addEventListener(Event.ENTER_FRAME,updateWorld);
}
//游戏初始化函数
private function gameinit():void {
    //建立 BOX2D 的虚拟世界
    world = new b2World(new b2Vec2(0, 5), true);
    //设置背景音乐
    bgmusic = new Bgmusic();
    musicchannel = new SoundChannel();
    musicchannel = bgmusic.play(0,10);
    //设置游戏背景
    bground = new Background();
    bground.x = 400;
    bground.y = 300;
    addChild(bground);
```

```
//设置关卡标识板
levelpanel = new Levelpanel();
levelpanel.x = 85;
levelpanel.y = 35;
addChild(levelpanel);
//设置重设关卡按钮
resetlevelbu = new Replaylevel();
resetlevelbu.x = 190;
resetlevelbu.y = 35;
addChild(resetlevelbu);
//设置关卡显示文本
textMon.textColor=0xFFAF07;
textMon.width=120;
textMon.height = 40;
textMon.x = 30;
textMon.y= 18;
textFormat.font = "Snap ITC"
textFormat.size=23;
textMon.defaultTextFormat = textFormat;
addChild(textMon);
}
```

（2）方块生成函数 Brick()函数。

在上文中已经提及了 BOX2D 的刚体生成的方法，一个刚体的生成需要的步骤和代码量也是不少的，游戏每次生成方块都要执行相同的代码，为了避免代码的冗余，设计了一个刚体方法生成函数来实现所有方块的生成。代码如下：

```
//生成方块函数 pX、pY:坐标值,w、h:长宽值,s:方块名称,asset:捆绑的 MC 对象
private function brick(pX:int,pY:int,w:Number,h:Number,s:String,asset:Sprite):void {

var bodyDef:b2BodyDef=new b2BodyDef();
bodyDef.position.Set(pX/worldScale,pY/worldScale);
bodyDef.type=b2Body.b2_dynamicBody;

bodyDef.userData=new Object();
bodyDef.userData.name=s;
bodyDef.userData.asset=asset;
addChild(bodyDef.userData.asset);

var polygonShape:b2PolygonShape=new b2PolygonShape();
polygonShape.SetAsBox(w/2/worldScale,h/2/worldScale);
```

```
        var fixtureDef:b2FixtureDef=new b2FixtureDef();
        fixtureDef.shape=polygonShape;
        fixtureDef.density=2;
        fixtureDef.restitution=0.4;
        fixtureDef.friction=0.5;
        var theBrick:b2Body=world.CreateBody(bodyDef);
        theBrick.CreateFixture(fixtureDef);
    }
```

（3）关卡生成函数 leveinit()函数。

由于设计了方块生成函数 brick()、地面生成函数 floor()、方块头生成函数 idol()等，这样在关卡设定方面就显得简单得多了，而且通过关卡标识变量 levelmark 控制不同关卡的初始化，只要按照关卡设计图结合方块彼此的坐标值，就能合理调用 brick()、floor()和 idol()函数来初始化关卡了，具体代码如下。

```
//游戏关卡初始化函数
private function levelinit():void {
    //根据关卡标识变量 levelmark 控制不同关卡的初始化
    switch(levelmark){
    case 1 :
        brick(400,480,48,48,"boxwin",new Boxwin());
        brick(352,430,48,144,"breakable",new Paperboxsmaxh());
        brick(400, 334, 144, 48, "breakable", new Paperboxsmaxw());
        brick(400,526,144,48,"unbreakable",new Feboxsmaxw());
        brick(450,430,48,144,"breakable",new Paperboxsmaxh());
        brick(354,288,48,48,"breakable", new Paperboxs());
        brick(446,288,48,48,"unbreakable", new Feboxs());
        brick(400, 238, 144, 48, "breakable", new Treeboxsmaxw());
        idol(400,192);
        floor();
        break;
    case 2:
        brick(518, 528, 48, 48, "boxwin", new Boxwin());
        brick(566, 528, 48, 48, "unbreakable", new Feboxs()); // unbreakable 代表不能拆除
        brick(470, 528, 48, 48, "breakable", new Treeboxs());
        brick(374, 528, 48, 48, "breakable", new Paperboxs());
        brick(422,480,144,48,"unbreakable",new Feboxsmaxw());
        brick(326,480,48,144,"breakable",new Treeboxsmaxh());
        brick(230,480,48,144,"breakable",new Paperboxsmaxh());
        brick(278, 336, 144, 48, "breakable", new Treeboxsmaxw());
```

```
            brick(230, 384, 48, 48, "unbreakable", new Feboxs());
            brick(326, 384, 48, 48, "breakable", new Paperboxs());
            idol(276,288);
            floor();
            break;
        case 3:
        ......
        case 4:
        ......
        case 5:
        ......
        }
    //播放背景音乐
    musicchannel.stop();
    musicchannel = bgmusic.play(0,10);
    //显示关卡数
    textMon.text = "LEVEL" + levelmark;
    //添加关卡重设事件监听
    resetlevelbu.addEventListener(MouseEvent.CLICK, resetthislevel);
    //添加单击拆除方块事件监听
    stage.addEventListener(MouseEvent.CLICK,destroyBrick);
}
```

（4）更新世界函数 updateWorld()函数。

在方块层发生倒塌过程中，方块位置会发生位移，这就需要对方块所捆绑的 MC 进行更新处理，这样才能保证游戏画面中方块的运动，这个难题上文已经有所解释了。另外就是判断方块头的碰撞处理，这些都通过 updateWorld()函数逐一解决，具体代码如下：

```
//更新世界方法函数
private function updateWorld(e:Event):void {
    //转换弧度数
        var radToDeg:Number=180/Math.PI;
    //world 是之前创建的 b2World
        world.Step(1/30,10,10); //设置时长为 30，与 Flash 的 fps 对应
        world.ClearForces(); //清除世界的焦点，完成 update 世界
        if (! gameOver) {
            //对世界内的所有刚体经行遍历处理
            for (var b:b2Body=world.GetBodyList(); b; b=b.GetNext()) {
                if (b.GetUserData()) {
                    //更新每个刚体所捆绑的 MC 实例的坐标值和旋转方向
                    b.GetUserData().asset.x=b.GetPosition().x*worldScale;
```

```
                    b.GetUserData().asset.y=b.GetPosition().y*worldScale;
                    b.GetUserData().asset.rotation = b.GetAngle() * radToDeg;
                        //当检测刚体是方块头
                        if (b.GetUserData().name=="idol") {
                            for (var c:b2ContactEdge=b.GetContactList(); c; c=c.next) {
                                var contact:b2Contact=c.contact;
                                var fixtureA:b2Fixture=contact.GetFixtureA();
                                var fixtureB:b2Fixture = contact.GetFixtureB();
                                //获取 fixtureA 和 fixtureB 的名字
                                var bodyA:b2Body=fixtureA.GetBody();
                                var bodyB:b2Body=fixtureB.GetBody();
                                var userDataA:String=bodyA.GetUserData().name;
                                var userDataB:String = bodyB.GetUserData().name;
            //判断方块头是否与地面接触
            if((userDataA=="floor" && userDataB=="idol")||(userDataA=="idol" && userDataB
=="floor") ){
                    levelFailed();   //调用关卡失败函数
                                }
        //判断方块头是否与铁盒接触
        if((userDataA=="boxwin"  &&  userDataB=="idol")||(userDataA=="idol"  &&  userDataB
=="boxwin")){
                    levelWined();   //调用关卡成功函数
                                }
        } } } } } }
```

（5）拆除方块处理函数 destroyBrick()。

单击方块时，可以根据方块材质进行判断是否可以单击消除，如果是铁质方块就不能消除，这个就需要在调用 brick()函数的时候，方块的名称是可以设置的，如果设置名称是"breakable"代表可以拆除，通过 destroyBrick()进行处理，具体代码如下：

```
//拆除方块处理事件句柄
    private function destroyBrick(e:MouseEvent):void {
        var pX:Number=mouseX/worldScale;
        var pY:Number=mouseY/worldScale;
        world.QueryPoint(queryCallback,new b2Vec2(pX,pY));
    }
    //删除方块函数
    private function queryCallback(fixture:b2Fixture):Boolean {
        var touchedBody:b2Body=fixture.GetBody();
        var userData:String=touchedBody.GetUserData().name;
        //如果方块的名称是"breakable"则执行拆除
```

```
        if (userData == "breakable") {
            var delmusic:Sound = new Delboxmusic();
            delmusic.play();
            removeChild(touchedBody.GetUserData().asset);
            world.DestroyBody(touchedBody);
        }
        return false;
    }
```

本章小结

　　如果把游戏比喻成汽车，那游戏最核心的部件就是游戏引擎了，现在采用游戏引擎是开发设计游戏是一条主流的道路。同样在 Flash 游戏中也离不开形形色色的游戏引擎，本章通过游戏案例展现了 ActionScript 游戏引擎的魅力，着重介绍了 Tweening 引擎和 BOX2D 引擎的使用。毕竟篇幅有限，未能再深入一步介绍 Tweening 引擎和 BOX2D 引擎的使用方法。此外还有其他框架类型的 ActionScript 游戏引擎，也希望大家在课后可以根据本章提供的一些网络链接，进一步深入研究！

思考与拓展

　　在例子 8-3 的游戏"拆方层"中，综合运用了 BOX2D 引擎中最基本的几个功能，包括虚拟世界的创建、刚体的创建、刚体碰撞检测等，对于更深入的多次碰撞处理、负责形状设置、关节的应用等就没有进一步介绍。另外在例子 8-1 中只介绍了 TweenMax 的基本应用，对更加复杂的插件没有深入介绍。希望同学们深入探讨以上两个方面的知识，结合 Tweening 引擎和 BOX2D 引擎，在随书案例 8-4 的基础上仿照《愤怒的小鸟》设计一个多关卡的虚拟 2D 物理运动的 Flash 小游戏。

Android 游戏设计：Flappy Bird 游戏

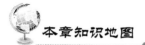

本章知识地图

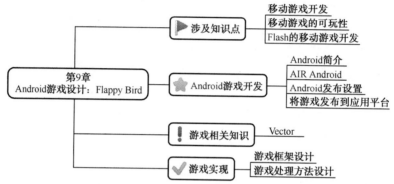

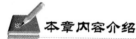

本章内容介绍

Flappy Bird 中文名为飞扬的小鸟，是一款 2013 年上架的飞鸟类游戏，由越南河内独立游戏开发者阮哈东设计，独立游戏开发商 GEARS Studios 发布。2014 年 1 月，这款游戏成为美国及中国 iTunes 最受欢迎的免费应用软件，并在同月被英国 App Store 描述为"新愤怒鸟"。Flappy Bird 可以说是一款简单而难度"惊人"的游戏。游戏的主角是一只8 比特像素的小鸟，场景是类似超级马里奥的水管、蓝天和白云。玩家需要不断单击屏幕调节小鸟的飞行高度，使小鸟能顺利通过画面右方水管间的缝隙。如果小鸟不小心碰到管子的话，游戏便宣告结束。

Flappy Bird 是一个争议性很大的游戏，一方面从下载量数据可以看出，这款游戏是十分成功的。另一方面该游戏又被称为"反人类"的游戏，纽约著名的《赫芬顿邮报》评价该游戏是一个"疯狂、恼人、困难和令人沮丧的游戏"，并且"结合了超陡峭的难度曲线、差劣无聊的画质和生硬的动作"。不算精致甚至可以说简陋的画面，令玩家愤怒的游戏难度，却造就了 2014 年 1 月最受欢迎的免费游戏。就在游戏最爆红的时候，作者将这款游戏下架了。虽然 Flappy Bird 下架了，但由它而衍生了大量的同类作品出现，例如，Hacker Diary、Flappy MMO、Flappy Fario 等。Google 和 Apple 甚至在一段时期内将全部含有 Flappy 名称的游戏都一起下架，避免形成 Flappy Zoo 的情况出现。

本章学习前，将介绍移动平台游戏开发的一些基本知识。通过本游戏的制作，应该掌握简单的游戏场景处理方式，掌握使用 Vector 模型处理对象，并巩固游戏设计的基本流程等技巧。

9.1　移动游戏开发介绍

移动游戏是早期手机游戏发展的一个分支，早期的手机游戏是指在手机上运行的游戏。随着平板电脑等多种智能移动终端的普及，能让用户随身玩游戏的不再只有"手机"了。移动游戏泛指能在移动智能设备上玩的游戏。游戏一直是市场中最丰盛的蛋糕之一，随着移动设备的不断普及，移动游戏这种随时都能进行的悠闲娱乐越来越受到用户的欢迎。全球领先的移动互联网第三方数据挖掘和整合营销机构艾媒咨询（iMediaResearch）发布的《2012 中国手机游戏市场年度报告》中称，2012 年中国移动终端游戏市场规模达到 58.7 亿元人民币，较 2011 年增长 79.0%。其中，2012 年中国基于移动终端的网络游戏市场规模达到 21.77 亿元人民币。随着 3G 乃至 4G 网络的深入建设，移动游戏市场必然会越来越大，人们在各种时间碎片中也已经习惯使用手机。

在 2012 年的广东互联网大会上，马化腾表示：2013 年将是移动互联网高速发展的一年，其中移动社交游戏将是最快盈利的方向，未来所有互联网公司都必须非常重视移动互联网。移动游戏对独立开发商们而言是最热门的平台。Flash 游戏服务公司 Mochi Media 公布了一项调查，86%的 Flash 游戏开发商考虑在转向移动平台。未来的移动游戏市场潜力是非常巨大的。

在看到移动游戏美好前景的同时，仍要注意还有一些在移动游戏开发时需要面对的问题。终端的多样性使得移动游戏不能直接移植 PC 游戏，而终端性能不高会降低用户体验与使用需求，成为阻碍移动游戏业务发展的主要障碍。最直接的表现就是手机屏幕太小，玩游戏时间太长眼睛承受不了。除了屏幕问题，还有声音支持、内存、网络信号覆盖变化、电池续航时间等方面均制约游戏的用户体验。因此，在开发移动游戏时，必须考虑各种制约因素，以降低因为终端设备而对游戏造成的影响。

9.1.1　移动游戏的可玩性

Flappy Bird 在 2014 年初已取得了 5000 万次的下载量、广告收入已达到单日 5 万美元。可能大多数人认为，这样的成功只是小概率事件，Flappy Bird 的成功并不能被复制。但事实情况是：2014 年初美国区 App Store 免费榜上，阮哈东设计的 3 款移动游戏排名是，Flappy Bird 位居免费榜第 1，Super Ball Juggling 位居免费榜第 4，Shuriken Block 位居免费榜第 24。为什么同一个作者开发的移动游戏能有如此高的人气，在剔除一些商业运作的因素外，游戏的可玩性是成功的一个重要条件。

游戏的本质是休闲娱乐，而移动游戏大部分程度是利用玩家的时间碎片来进行的，设备尺寸较小，用户交互不方便，十分影响设备的续航时间等，使得移动游戏很难像大型 PC 游戏一样让玩家坐下一玩就是几个小时。移动游戏目前主要还是以休闲小游戏为主。休闲玩家喜欢的是可爱、简单而且易于上手的游戏，保持游戏简短很重要，游戏时间不一定要短，但操作方法一定要简单。在 Flappy Bird 身上很容易找到这样的影子。像素级的小鸟主角、单一的背景、重复出现的水管等，这些就是它的"简"。单击屏幕就可以让小鸟飞，这个就是操作上的"易"。

可玩性难道仅仅通过"简"和"易"就能表现吗？"简易"是一款休闲游戏能让玩家马上接受并认同的开始，可玩性中最关键是保持游戏对玩家的吸引力。最常见保持吸引力的方式就是关卡，《愤怒的小鸟》、《割绳子》等成功的移动游戏都有许多关卡。当然，设计、开发和平衡这么多关卡需要耗费开发设计人员大把精力。Flappy Bird 与其他休闲游戏吸引玩家的地方不一样，它没有关卡，目的只有一个——让小鸟飞。但它的游戏难度可以称为"变态"级别，从而引发玩家不断地超越自我、超越朋友而得到荣誉感。

对于游戏的可玩性，总结而言就是六个字"易上手，无止尽"。要做到这六个字，有很多途径和方法，但无论什么方法，游戏的设计能最终实现都是很重要的环节。

9.1.2　Flash 在移动开发中的应用

目前在世界流行的三大移动设备平台主要是苹果公司的 iOS、谷歌公司的 Android 和微软公司的 WindowsPhone。但不同的移动平台有各自独立的开发技术：iOS 使用 Objective-C 或 Swift 作为开发语言；Android 使用 Java；而开发微软平台应用最方便的是.NET。若希望在原生系统技术上开发一款支持三大平台的游戏，那么可能需要雇佣三个不同的团队编写三套不同代码。

使用 Flash 开发的项目，可以针对不同目标平台打包，发布到三大主流移动平台当中去。针对 iOS 平台的特殊性，利用 Flash 创建的项目应该将不再借助浏览器运行，而是使用原生方式运行。在 App 打包的时候，Flash 会将 AIR 打包到每个 App 中，这样使得 Flash 程序与在 App Store 中下载的应用程序完全相同。Adobe 除了支持 iOS 的扩展外，还支持 Android 平台的扩展。在 Flash Professional CS5 中就提供了类似 Packager for iPhone 这样的选项。

在开发 Flash 移动游戏时，要注意一些平台的限制。例如，无法通过 ActionScript 访问移动设备的一些资源，如蓝牙、联系人、日历、系统参数设置等，而在 iOS 平台下，Flash 程序只能往照片库添加内容，而无法读取照片，也不能打开摄像头和麦克风。因此，使用 Flash 在移动平台上开发普通的应用程序，还是有很多制约的。

但是用于移动平台的游戏开发，Flash 则有着独特的优势。

1. 优秀的 2D 性能和渲染机制

Flash 的性能相当高，而且大多数情况下都比 JavaScript 的性能高。ActionScript 经过长时间的发展，形成了一套易于使用的 DisplayObject 机制，加上灵活的 MovieClip 和 Sprite 等对象，在制作 2D 动画方面，是目前互联网技术中最好的选择。如果需要更快的图形处理响应，还可以使用 BitmapData 这个高性能的引擎做位图渲染。

2. 开发快速

语言上 ActionScript 是简化版的 Java，ActionScript 比 Java 更易学习和使用。AIR 封装了大量的类和库，能够为开发人员带来更好的开发体验与便捷性。如果官方组件还不能满足需要，Flash 社区经过多年发展，已经非常完善，有很多优秀的框架、工具、引擎、调试器，甚至编译器可以使用。

3. 跨平台

Flash 应用是可以做到一次开发、一次编译、多重发布。在 Flash 上创建的项目，在发布时可以选择不同的平台进行打包，开发人员不必为不同平台重新构建逻辑相同的代码，极大地减轻了开发负担。

9.2 Android 游戏开发

根据 IDC 发布的 2014 年第二季度智能手机市场的最新数据显示，全球 Android 平台的用户占有率已经达到 84.7%，而且增长势头迅猛，环比增长 33.3%，如图 9-1 所示。开发支持在 Android 平台运行的移动游戏，是获取玩家群体、积聚用户量最佳的选择。

Top Five Smartphone Operating Systems, Worldwide Shipments, and Market Share, 2014Q2 (Units in Millions) - IDC/AppleInsider					
Operating System	Q2 2014 Shipment Volume	Q2 2014 Market Share	Q2 2013 Shipment Volume	Q2 2013 Market Share	Year-Over-Year Growth
Android	255.3	84.7%	191.5	79.6%	33.3%
iOS	35.2	11.7%	31.2	13.0%	12.7%
Windows Phone	7.4	2.5%	8.2	3.4%	-9.4%
BlackBerry	1.5	0.5%	6.7	2.8%	-78.0%
Others	1.9	0.6%	2.9	1.2%	-32.2%
Total	301.3	100.0%	240.5	100.0%	25.3%

图 9-1 2014 年第二季全球智能操作系统市场数据（来自 IDC）

9.2.1 Android 系统简介

Android，中文名称安卓。Android 这个词原来表示一种外表像人的机器人，最早出现在法国作家利尔亚当在 1886 年发表的科幻小说《未来夏娃》中，因此现在 Android 的图标是一个全身绿色的机器人，如图 9-2 所示。

Android 是一个以 Linux 为基础的开放源代码移动设备的操作系统，主要用于智能手机和平板电脑，由 Google 成立的 Open Handset Alliance（OHA，开放手持设备联盟）持续领导与开发。Google 以 Apache 免费开放源代码许可证的授权方式，发布了 Android 的源代码，使得硬件生产商能免费在设备中搭载 Android

图 9-2 Android 的标志

系统，甚至可以由厂商在原有的基础之上自行定制。例如，国内著名的小米公司发布的 MIUI 系统就是以 Android 为基础改进的移动操作系统。

如果说是联发科技的 MTK 方案为国内中低端手机生产铺平了硬件道路，为我国手机用户的迅猛增长提供了有力支持，那么 Android 可以说打开了让智能手机走进千家万户之门。到 2010 年年底，仅正式推出两年的 Android 操作系统在市场占有率上已经超越称霸逾十年的诺基亚 Symbian 系统，成为全球第一大智能手机操作系统。

Android 平台应用程序的开发语言是 Java，大量的 Java 程序员转型进入 Android 开发的行列。但是，他们在开发 Android 应用时，碰到了一些比较棘手但又不得不面对的问题。

1. 系统版本多代同堂

从 2009 年 5 月开始，Android 操作系统改用甜点作为版本代号，按照大写字母的顺序来进行命名，到目前为止还活跃使用的操作系统版本有 5 套，如图 9-3 所示。加上刚刚宣布，还没有具体命名为哪种甜点的"L"，一共是 6 代同堂。每代操作系统都会有一定的更新，系统所支持的硬件环境，开发包中的函数库版本，功能接口等都会有部分发生改变。想要开发一套能够兼容支持更多版本系统运行的应用，是一件十分头疼的事情。

Version	Codename	API	Distribution
2.2	Froyo	8	0.7%
2.3.3-2.3.7	Gingerbread	10	11.4%
4.0.3-4.0.4	Ice Cream Sandwich	15	9.6%
4.1.x	Jelly Bean	16	25.1%
4.2.x		17	20.7%
4.3		18	8.0%
4.4	KitKat	19	24.5%

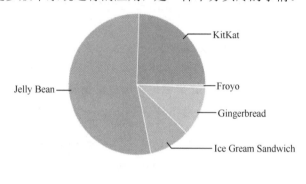

图 9-3　Android 不同版本的用户占有率（Google 开发平台 dashboards，2014 年 9 月）

2. 屏幕大小五花八门

Android 只是一个系统，为了突显系统的通用性和健壮性，它的硬件兼容性十分强大。这样使得硬件的开发商可以无须顾虑操作系统的问题，根据成本需要灵活控制手机屏幕的大小。相同的屏幕大小有可能还需要面对不同分辨率的问题，这使得显示效果处理很复杂。一些 Android 软件在发布的时候可能会根据屏幕分辨率不同而提供多个安装包。

9.2.2　AIR Android

2010 年，Adobe 公司成功地将 AIR 技术引入移动平台，Flash 开发者可以快速地在原有环境下开发移动应用。2010 年年底，AIR 已经实现了对 Android、BlackBerry 和 iOS 三个移动操作系统的支持。AIR 在 Android 平台上的表现最抢眼，一方面，AIR 程序在 Android 设备上的运行性能比较稳定；另一方面，当前市面上绝大部分 Android 手机和平板电脑都支持 AIR 程序。

运行 AIR Android 的环境要求：①Android 2.2 或更高版本，②ARM v7-A 或更高级的处理器，③支持 OpenGL ES2.0，④支持 H.264 & AAC H/W 解码，⑤至少有 256 MB 内存。从目前市场主流的机型来看，这些要求全部都能满足。

移动设备支持 AIR 运行是基本条件，但是 Android 系统里面并不会自带 AIR。如果用户的设备上没有安装 AIR，即使安装了 Flash 游戏也是没有办法运行的。AIR 3.0 引入了一个功能来解决 AIR 运行时的安装问题，那就是 captive-runtime。它可以将 AIR 运行时捆绑在程序中，程序不需要额外安装 AIR 运行时就可以直接使用，使程序成为完全独立的应用。

Android 开发最常用的开发语言是 Java，而且 Google 提供了 SDK 工具进行开发。Android SDK 包含一整套功能强大的 API，涵盖了从图形界面到系统底层控制等方方面面的功能。虽然 Android SDK 的功能很强大，但 AIR 程序与 Android 原生应用相比，AIR 有着自己的优势。

▶ 1．AIR 对 Android 平台是一个很好的技术补充

Flash 技术的优势在于界面呈现、交互处理。例如，制作一些复杂的动画，使用 Java 技术需要调用很多接口，而且需要开发人员具备不少图形学知识，事倍功半。如果使用 Flash 技术，则十分轻松便捷。另外，AIR 还扩展了 Android 平台的技术生态圈，让更多 的 Flash 开发人员加入到 Android 平台应用开发的行列，丰富了 Android 平台下的应用。

▶ 2．AIR 的跨平台特性依然是吸引开发者的利器

对于移动开发者来说，让自己的应用能在不同平台运行是一个目标，但让原生应用 跨平台历来是个难题。平台间的移植需要耗费大量的时间和人力成本。AIR 是一个相当 经济的解决方案，而且 AIR 支持多个桌面操作系统，包括 Windows、Mac 和 Linux，以 及移动操作系统 Android、iOS、Windows Phone 和 BlackBerry。

9.2.3　Flash 的 Android 发布设置

在游戏开发完成之后，可以通过 Flash Professional 直接将项目打包为 iOS 的安装文 件。在项目"属性"设置窗口→"发布"一栏中可以选择发布目标平台为"AIR 3.2 for Android"，如图 9-4 所示。

图 9-4　发布目标设置

单击"文件"菜单→"发布"命令，再进一步设置 AIR for Android 的栏目。"常规" 选项设置应用程序的名称、运行的屏幕方向、渲染方式等，如图 9-5 所示。

"部署"选项页可以选择是否将 AIR 运行时嵌入在应用中，如图 9-6 所示。如果嵌入， 则 App 运行时无须检查系统是否已经安装了 AIR Android，直接在内嵌的运行时中执行； 否则 App 在运行前先检查系统是否已经安装 AIR，如果没有安装会要求用户到应用市场 安装 AIR Android。两种方法各有利弊。嵌入 AIR 可以让 App 方便运行，但这样生成的 APK 包会比较大；不嵌入 AIR 虽然 APK 包小了，但当用户没有安装 AIR 时需要再次下 载，十分不方便。

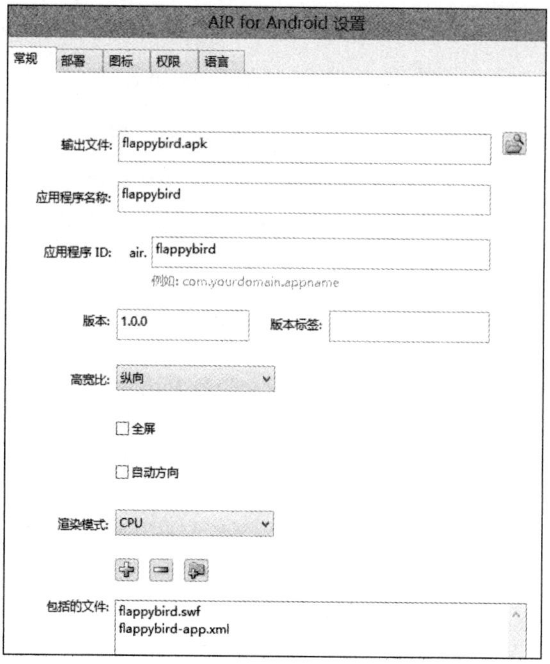

图 9-5 "常规"选项页设置

图 9-6 "部署"选项页设置

"图标"选项页设置应用所使用的图标。图标大小需要按照固定的格式要求，如图 9-7 所示。

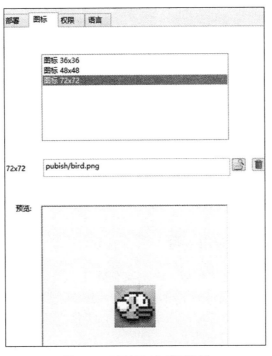

图 9-7　"图标"选项页设置

"权限"选项页设置在安装时提醒用户这个 App 将用到哪些设备的操作权限。例如，访问互联网，写入存储设备，打开摄像头等，如图 9-8 所示。

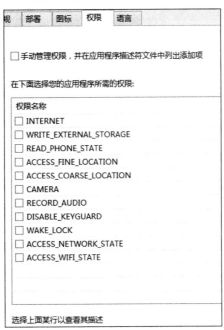

图 9-8　"权限"选项页设置

"语言"选项页设置应用所支持的语言，如图 9-9 所示。

图 9-9　"语言"选项页设置

9.2.4　将游戏发布到应用平台

自己开发完成的游戏，并打包成 APK，如何才能让玩家知道你的游戏呢？现在好酒还怕巷子深，游戏运营需要很多的手段，但第一步则必须要在应用平台上发布作品——让玩家可以下载。国内有许多不同的应用市场可以提供给开发者发布作品，下面将 App 发布量比较多的平台简单列举一些。

百度开放云平台，如图 9-10 所示。由于百度本身主要是搜索引擎业务，在百度平台发布的 App，当用户通过浏览器搜索 App 的名称时很容易找到下载的页面。在百度作为我国第一搜索引擎的环境下，这种发布方式让潜在玩家获知游戏的信息有着一定的优势。

图 9-10　"百度开放云平台"首页

豌豆荚，如图 9-11 所示。豌豆荚不单单是一个 App 发布平台，它的前身是一个手机工具，现在同时也是一个运营平台，提供开发者与广告商的集成合作、应用推广等。豌豆荚自身同时提供 PC 端和移动端的应用程序，借助以前备份工具积累的用户，豌豆荚有着相当可观的用户群。在豌豆荚发布 App 也很容易让用户获知。

图 9-11　"豌豆荚开发者中心"首页

360 移动开放平台，如图 9-12 所示。号称国内最大的 Android 应用分发平台。依托 360 旗下安全产品在 PC 端所拥有的最庞大的国内用户量，360 为开发者提供了许多推广的渠道，同时也在为打造移动开发者的生态圈而不断努力。

图 9-12　"360 移动开放平台"首页

此外还有很多像机锋市场、安卓市场、木蚂蚁市场等其他的应用发布平台，开发者可以通过在多个平台发布自己的游戏，而营造一种游戏颇受欢迎的形象。

9.2　游戏涉及相关知识

ActionScript 3.0 中的数组除了 Array 外，还有另一种索引数组类型——Vector 类。Vector 类可以看成是一种指定类型的数组，这表示在 Vector 实例中每个元素都是相同的数据类型。在声明和实例化 Vector 对象时，必须显式指定 Vector 所包含的对象类型。

Vector 比 Array 有更严格的限制。

（1）Vector 是一种密集数组。对于 Array 对象而言，在索引 1 到 6 没有值，该对象的索引 0 和 7 处也可以有值。但是，Vector 的每个索引位置都必须有值（或为 null）。

（2）Vector 可以固定长度。这种情况下 Vector 包含的元素个数不能更改。

（3）对 Vector 元素的访问需要接受范围检查。

（4）由于 Vector 使用的限制较多，所以 Vector 比 Array 在使用上有 3 个优点。

① 性能：使用 Vector 实例时，数组元素访问和迭代的速度比使用 Array 实例时要快很多。

② 类型安全性：在严格的模式下，编译器可以识别数据类型错误。

③ 可靠性：与 Array 相比，运行时范围检查（或固定长度检查）大大提高了可靠性。如果所有元素的数据类型相同的情况下，推荐使用 Vector。

9.3 游戏的开发过程

本游戏分为 5 个流程：①创建项目，②游戏美工制作，③绘制程序流程图，④解决游戏关键问题，⑤实现游戏。

9.3.1 第一步：创建项目

本游戏使用 FlashDevelop+Flash 的开发模式，首先在 FlashDevelop 中建立项目，单击菜单"项目"→"新建项目"命令，选择"Flash IDE Project"项目，设置工程名称为"FlappyBird"，勾选"创建项目文件夹"，保存在桌面中（如图 9-13 所示）。建立成功后，就会在桌面中生成一个 FlappyBird 的文件夹，文件夹内有 FlappyBird.as3proj 的 FlashDevelop 工程文件。接着打开 Flash CS6，创建分辨率为 400px*600px 的 ActionScript 3.0 项目，设置舞台底色为#4EC0CA，以 FlappyBird.fla 文件名保存到 FlappyBird 文件夹中，并且设置项目主类为"Main.as"（如图 9-14 所示）。打开 FlappyBird.as3proj，通过 FlashDevelop 在项目文件夹中建立 Main.as 文件，开始游戏代码的编写工作。

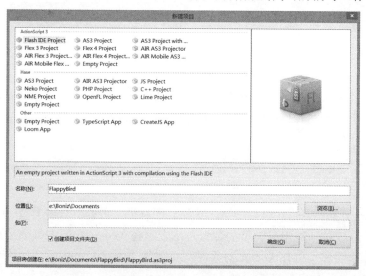

图 9-13　FlashDevelop 的"Flash IDE Project"项目

图 9-14　Flash 工程文件 FlappyBird.fla 的基本设置

9.3.2　第二步：游戏美工制作

1．游戏元素设计

本游戏主角是一只没脚的小鸟，虽然这只小鸟只有 41px 宽和 31px 高，而且外观不算精致，但作为活动的小鸟需要具有飞行的动作。小鸟的飞行动作通过三张不同状态的图画，组合成一个动画场景，如图 9-15 所示展示了小鸟飞行的三个姿态。除了小鸟外，另一个游戏的道具是水管，水管设计高度为场景最大高度 600px，如图 9-16 所示。

图 9-15　小鸟飞行设计

图 9-16　水管设计

2．游戏界面设计

本游戏没有关卡之分，场景设计为在晴朗蓝天下，城市郊外的天空中，一只没脚的小鸟在不断地飞翔以躲避水管的阻拦。场景蓝天部分占据比例较大，显示出广阔天空的意境，地下的高楼与绿树衬托出小鸟在高飞的效果。整个场景使用 400*600px，在游戏开始和结束时需要一些字幕标志，还有记分板和一些按钮。字幕标志和按钮都具有一些锯齿感的效果，以配合小鸟的"简陋"，如图 9-17 所示。

图 9-17　游戏界面元素设计图

9.3.3　第三步：绘制程序流程图

本游戏的程序流程图如图 9-18 所示。

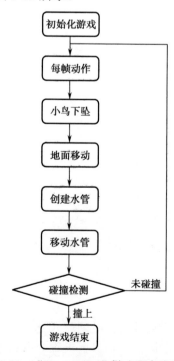

图 9-18　"Flappy Bird"游戏程序流程图

9.3.4　第四步：解决游戏关键问题

本游戏设计难度不高，主要问题是小鸟的上升/下降、水管的创建和场景推进。

问题 1：如何实现小鸟高飞和下跌？

解决方法：小鸟在游戏过程中可以看成是一个在 X 轴位置不动，而仅仅在 Y 轴位置上下运动的精灵。生活中天空的小鸟在没有动力支持的情况下，由于重力的作用会往下跌落。创建一个成员属性 droptimermark，作为小鸟的"动力值"，也就是一个以垂直向上为正方向的作用力。创建一个方法 dropbird，在方法中判断 droptimermark 的正负性。如果是正值，表示还有动力，那么将小鸟的 y 值减少，让它上升。如果是负值，表示动力耗尽，那么将小鸟的 y 值增加，让它往下坠落。每进入 dropbird 方法，将 droptimermark 自减一个单位，表示一直受到引力的作用。为了增加游戏的难度，上升和下降的动力转换为 Y 轴的位移值并不均衡，上升慢，下降快。具体代码如下：

```
private function dropbird():void
    {
        //动力减少
        droptimermark--;
        //仍有上升的动力
        if (droptimermark > 0) {
            fbird.y -= droptimermark/8;        //小鸟 Y 轴上升
            fbird.rotation--;                   //小鸟朝上称为仰面姿态
        }
        //没有上升动力
        else {
            if(fbird.rotation<90){
                fbird.rotation+=45;             //小鸟朝下成为俯冲姿态
            }
            fbird.y += -droptimermark/2;        //小鸟 Y 轴下降
        }
    }
```

添加场景鼠标单击事件，处理方法为 flybird，表示每单击一次提供一次小鸟腾飞的动力。flybird 方法首先判断小鸟是否已经撞上了物品，如果撞上则结束；否则将动力 droptimermark 设置为 30，表示每次提供的动力是一样的；将小鸟的姿态调整为平飞，并播放音效。具体代码如下：

```
private function flybird(e:MouseEvent):void
    {
        if (!gamestartmakr) {
            gameready();
            gamestartmakr = true;
        }
```

```
    //调整姿态为平飞
    fbird.rotation = 0;
    //重新补充动力为 30
    droptimermark = 30;
    flybirdsu = new Flysound();
    flybirdsu.play();
}
```

问题 2：场景中众多的水管如何高效管理？

解决方法：首先创建水管类 Piper，水管类主要记录两个信息，一个是前进的速度，另一个是小鸟是否已经通过了。水管类代码如下：

```
public class Piper extends MovieClip {
    //推进速度
    protected var _speed:Number;
    //记录小鸟是否已经飞过
    public var passflybird:Boolean = false;
    //构造方法需要提供速度
    public function Piper(speed:Number = 0) {
        this.speed = speed;
    }
    //获取速度
    public function get speed():Number {
        return _speed;
    }
    //设置速度
    public function set speed(value:Number):void {
        _speed = value;
    }
}
```

在场景中会有很多个水管，而且水管的数目时刻在改变。为了提高访问众多水管的效率，在主类里面定义一个 Piper 类型命名为 piperList。creatpiper 方法是创建水管的方法。随着游戏的发展难度增加，水管的前进速度和水管之间的空隙根据得分进行调整。creatpipermark 是一个倒数控制值，每创建一次水管设置为 120，在每秒 24 帧的情况下，保证 5 秒才创建一组水管，保证每组水管间的距离。每次创建都有两条水管，上面的水管上部超出场景范围，所以只能看到水管下部分，下面的水管下部超出场景范围，只能看到水管上部分。通过 piperspace 作为基数，随机增量作为水管之间的空隙，使得每组水管的空隙都不一样。创建的水管都通过压栈操作添加到 piperList，并添加到场景中。

```
private function creatpiper():void
{
```

```
        creatpipermark--;
        var piperspeed:int = 0;
        var piperspace:int = 0;
        //根据得分设置水管的速度和水管之间的空隙基数
        if (scormakrnumber < 10) {
            piperspeed=2
            piperspace = 150;
            }else if (scormakrnumber < 20) {
                piperspeed = 2.5;
                piperspace = 100;
                }else if (scormakrnumber < 30) {
                    piperspeed = 3;
                    piperspace = 80;
                    }else {
                        piperspeed = 4;
                        piperspace = 60;
                        }

        if (creatpipermark==0){
            var temppiper1:MovieClip = new Piper(piperspeed);
            //x 坐标在屏幕的外面
            temppiper1.x = 2 * stage.stageWidth;
            //y 坐标在随机范围内出现
            temppiper1.y = Math.floor(50 - Math.random() * 300);
            addChild(temppiper1);
            //加入水管 1 到 piperList
            piperList.push(temppiper1);

            var temppiper2:MovieClip = new Piper(piperspeed);
            temppiper2.x = 2 * stage.stageWidth;
            //在随机范围内设置水管之间的空隙
            temppiper2.y = temppiper1.y + temppiper2.height + Math.floor(piperspace +
Math.random() * 50);
            addChild(temppiper2);
            //加入水管 2 到 piperList
            piperList.push(temppiper2);
            //5 秒创建一组水管
            creatpipermark = 120;

            var    index:int = gamebf.parent.numChildren - 1;
```

```
                gamebf.parent.setChildIndex(gamebf, index);
        }
    }
```

问题 3：水管如何实现推进？

解决方法：将所有的水管都放进 piperList，用 for each 方法遍历 piperList 以便可以快速访问每个水管。水管根据自身的速度向屏幕左方前进。因为小鸟的 x 坐标是不变的，在前进的过程中如果水管的 x 坐标小于小鸟的 x 坐标，表示小鸟已经通过了这组水管，执行加分处理。当水管已经离开了场景，则从 piperlist 和场景中删除。

```
private function movepiper():void
    {
        for each (var temppiper:Piper in piperList) {
            //水管以 speed 往场景左方前进
            temppiper.x -= temppiper.speed;
            //走出场景后移除
            if (temppiper.x + temppiper.width < 0) {
                removeChild(temppiper);
                piperList.splice(piperList.indexOf(temppiper),1);
            }
            //判断小鸟飞过管道，加分
            if (  (!temppiper.passflybird)&&((temppiper.x + temppiper.width / 2) < fbird.x)){

                passpipersu = new Passsound();
                passpipersu.play();
                temppiper.passflybird = true;
                scormakrnumber+=0.5;
                scoremark.text = "" + scormakrnumber;
                scoremark.setTextFormat(textfont);
            }
        }
    }
```

9.3.5　第五步：实现游戏的框架结构

▶1. 游戏元件素材制作与整理

游戏的元件素材包含界面、卡片图案、按钮、音效等方面的内容。所有的美术素材创作完成后，按照元件类型进行编排，方便日后重用，如图 9-19 所示。对于需要在 AS 中访问的元素，为其定义 AS 链接，相当于为该元件创建对应的一种类。

图 9-19　游戏元件库分类管理情况图

2. 游戏框架搭建

本游戏的框架实现比较简单，基本上整个游戏由两个类构成，一个是管道类 Piper，另一个是主类 Main。Piper 主要负责卡片显示素材的切换，以及卡片特效的处理，如图 9-20 所示。

```
public class Piper extends MovieClip {
//水管运动速度
protected var _speed:Number;
//记录是否有小鸟飞过
public var passflybird:Boolean = false;
public function Piper(speed:Number = 0) {}
public function get speed():Number {}
public function set speed(value:Number):void {}
}
```

图 9-20　Piper 类结构解析图

主类 Main.as 完成了大部分的工作，游戏初始化由 gameinit()方法执行，游戏过程中主要由每帧的处理方法 gamerun()作为调度，顺序执行 dropbird()、movebackfloor()、creatpiper()、movepiper()、checkhit()等核心场景方法。另外，还有当玩家单击的时候，执行 flybird 方法让小鸟飞行，具体代码如图 9-21 所示。

```
public function flappybird() {}
//游戏初始化
private function gameinit():void {}
//小鸟飞行
private function flybird(e:MouseEvent):void {}
//游戏准备开始
private function gameready():void {}
//游戏运行时
private function gamerun(e:Event):void {}
//碰撞检测
private function checkhit():void {}
//小鸟下坠
private function dropbird():void {}
//地面移动
private function movebackfloor():void {}
//创建水管
private function creatpiper():void {}
//移动水管
private function movepiper():void {}
//游戏结束
private function gamelose():void {}
//重新开始游戏
private function gamereplay(e:MouseEvent):void {}
```

图 9-21   游戏主类 Main 的主要函数解析图

（1）游戏初始化设计。

游戏启动后，运行 gameinit()方法进入初始化，在场景中添加背景图、地面、小鸟固定在屏幕左方 80px 的中间，以及一个欢迎板。最后添加一个单击动作的事件监听，单击后执行小鸟飞行的 flybird()方法。具体代码如下所示：

```
public function flappybird() {
        gameinit();
    }
    //游戏初始化
    private function gameinit():void {
        gamebg = new Background();
        gamebg.x = 0;
        gamebg.y = 0;
        addChild(gamebg);

        gamebf = new Backfloor();
        gamebf.x = 0;
        gamebf.y = 540;
        addChild(gamebf);

        fbird = new Bird();
        fbird.x = 80;
```

```
        fbird.y = 280;
        addChild(fbird);

        mainpl = new Mainpanel();
        mainpl.x = 200;
        mainpl.y = 120;
        addChild(mainpl);

        gamereadypl = new Getready();
        gamereadypl.x = 200;
        gamereadypl.y = 200;
        addChild(gamereadypl);

        saygamepl.textColor=0xFFFFFF;
        saygamepl.text = "Pass Mouse To Fly!"+"\n"+"Make by wuwu";
        saygamepl.width=250;
        saygamepl.x = 90;
        saygamepl.y = 350;
        textfont.size = 25;
        textfont.align = "center";
        textfont.font = "Rockwell";
        saygamepl.setTextFormat(textfont);
        addChild(saygamepl);

        stage.addEventListener(MouseEvent.CLICK, flybird);
    }
```

（2）开始游戏。

Gameready()方法移除刚才所说的内容，添加一个计分板在场景的上方中间，添加每帧处理事件的响应方法 gamerun()。代码如下：

```
//游戏准备开始
    private function gameready():void {
        removeChild(saygamepl);
        removeChild(gamereadypl);
        removeChild(mainpl);

        scoremark.textColor=0xFFFFFF;
        scoremark.text = ""+scormarknumber;
        scoremark.x = 150;
        scoremark.y =30;
```

```
        textfont.size = 40;
        textfont.font = "Rockwell Extra Bold"
        scoremark.setTextFormat(textfont);
        addChild(scoremark);

        piperList= new Vector.<Piper>();

        stage.addEventListener(Event.ENTER_FRAME, gamerun);

    }
```

（3）游戏进行过程。

只要游戏进行，每帧的操作就是顺序执行 dropbird()小鸟飞行，movebackfloor()地面前进，creatpiper()创建水管，movepiper()水管前进，checkhit()碰撞检测。在碰撞检测时如果发现小鸟撞上水管，结束游戏。Gamerun()、movebackfloor()和 checkhit()具体代码如下。

```
//每帧处理
    private function gamerun(e:Event):void
    {
        if(gamestartmark){
            dropbird();
            movebackfloor();
            creatpiper();
            movepiper();
            checkhit();
        }
    }
//地面移动
    private function movebackfloor():void
    {
        gamebf.x--;
            if (gamebf.x == stage.stageWidth - gamebf.width) {
                gamebf.x = 0;
            }
    }
//碰撞检测
    private function checkhit():void
    {
        if (fbird.hitTestObject(gamebf)) {
            gamestartmark = false;
            gamelose();
```

```
                    }

            for each (var temperpiper:Piper in piperList){

                if (fbird.hitTestObject(temperpiper)){
                    gamestartmark = false;
                    gamelose();
                }
            }
        }
```

（4）游戏结束和重来。

Gameclose()处理了玩家失败后，显示最后得分和重新开始的按钮。Gamereplay()删除了上一次的最后得分面板，并清空 piperlist 中的水管和场景中残留的水管，重新初始化游戏。具体代码如下：

```
//游戏结束
private function gamelose():void
{
    gamelosepl = new Gameover();
    gamelosepl.x = 200;
    gamelosepl.y = 180;
    addChild(gamelosepl);

    scorepanel = new Scorepanel();
    scorepanel.x = 200;
    scorepanel.y = 310;
    addChild(scorepanel);

    scoremark.textColor = 0xFF9900;
    scoremark.x = 150;
    scoremark.y = 285;
    var   index:int = scoremark.parent.numChildren - 1;
    scoremark.parent.setChildIndex(scoremark, index);

    replaybu = new Rete();
    replaybu.x = 200;
    replaybu.y = 350;
    addChild(replaybu);

    loseflysu = new Losesound();
```

```
        loseflysu.play();

        stage.removeEventListener(Event.ENTER_FRAME, gamerun);
        stage.removeEventListener(MouseEvent.CLICK, flybird);
        replaybu.addEventListener(MouseEvent.MOUSE_DOWN, gamereplay);
    }
    //重新开始游戏
    private function gamereplay(e:MouseEvent):void
    {

        replaybu.removeEventListener(MouseEvent.CLICK, gamereplay);
        removeChild(replaybu);
        removeChild(gamelosepl);
        removeChild(scorepanel);
        removeChild(scoremark);
        removeChild(fbird);
        removeChild(gamebf);
        removeChild(gamebg);

        for each (var temperpiper:Piper in piperList) {
            removeChild(temperpiper);
            piperList.splice(piperList.indexOf(temperpiper),1);
        }
        scormarknumber = 0;
        gameinit();
    }
```

本章小结

移动游戏现在蓬勃发展，是未来游戏行业最有前途的领域。移动游戏主要是提供玩家休闲和碎片时间的娱乐，与传统的 PC 游戏有一些区别。本章首先介绍了移动游戏的一些特点，并指出移动游戏要获得成功必须要提高"可玩性"，以及可玩性的具体含义即"易上手，无止尽"；然后介绍了 Android 系统在移动领域中占有庞大的市场份额，而 Adobe 为了方便移动平台运行 Flash 程序而推出的 AIR 移动版；着重说明了如何利用 AIR Android 发布 Android 平台的游戏；最后以简单的 Flappy Bird 作为例子介绍了设计实现的方法。

思考与拓展

在本章案例游戏"Flappy Bird"中，主要解决了物体移动、重力加速度和物体间碰撞等相关处理方法，此外还让我们了解了如何发布基于 Android 平台的 AIR 程序从而生成 APK 文件。请同学参考本案例，设计一个"经典打飞机"的手机游戏，游戏基本功能主要有：玩家可以通过手指拖放控制飞机的飞行，飞机在一定间隔内不断发射炮弹，敌人飞机随机出现，炮弹打到敌机，敌机爆炸消失，敌机与玩家飞机碰撞游戏结束。

第 *10* 章

iOS 游戏设计：2048 游戏

 本章知识地图

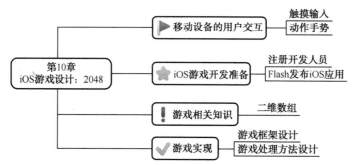

 本章内容介绍

"2048" 全称为 "2048 数字拼图游戏（2048 Number puzzle game）"，是一款单人数字益智游戏，适合任何年龄段的玩家。"2048" 是由意大利人 Gabriele Cirulli 于 2014 年 3 月发布的一款开源小游戏，读者有兴趣可以在 https://github.com/gabrielecirulli/2048 下载游戏的网页版源代码。该游戏人气飙升极快，发布 1 周即达到 400 万访问用户。它已被称为 "最上瘾的东西"，华尔街日报甚至将它称为 "属于数学极客的 Candy Crush（注：中文版名为《糖果传奇》，另一款人气火爆的消除类游戏）"。"2048" 游戏十分轻巧简约，在一个 4 行 4 列共 16 个数字方格的场景中，通过手指在屏幕中往上下左右其中一个方向滑动，每滑动一次，所有数字方格将往滑动方向移动靠拢。当相同数字的方块在靠拢时碰撞，就会将数字相加，相加的和替换被碰撞数字方块的值，而移动的方块将消失。每移动一次，系统也会在空白的地方随机出现一个新的数字方块。系统随机出现的数字方块值不是 2 就是 4。不断地移动方块，累加数字，直到拼凑出 2048 这个数字就算胜利，因此而命名为 "2048"，如果没有办法再移动方块则游戏失败。"2048" 不设关卡，只统计玩家移动的次数和得分。

本章学习前，将介绍 iOS 平台下开发的基本知识。通过本游戏的制作，应该掌握移动设备中触控事件的处理方式，掌握使用数学模型的方法实现游戏的处理，并巩固游戏设计的基本流程等技巧。

10.1　移动设备的用户交互

移动设备有一个很重要的特点就是不提供物理键盘和鼠标输入，用户与设备的交互是通过用户在屏幕上的手指动作而实现的。Flash 提供一套触摸事件处理功能用于处理来自触摸感应设备上一个/多个接触点的输入。Flash 还可以处理多个触摸点与移动动作结合起来创建手势的事件。需要强调的是，在动作输入交互中，触摸是指使用单点的接触输入；多点触控是指使用多个同步接触点输入；手势是指由设备或操作系统解释并处理的一个或多个触摸事件的输入动作的组合。ActionScript 提供相应的 API，用于处理触摸事件、手势事件以及针对多点触控输入单独跟踪的触摸事件。

ActionScript 触摸输入 API 的面向触摸输入处理取决于 Flash 运行时的硬件和软件环境，如果运行的硬件和软件不支持对应的触控动作，即使设计了相关的支持，在运行时也是没有效果的。触摸输入 API 主要面向 3 种触摸应用程序开发的需要：发现、事件和阶段。

发现

发现 API 提供了在运行时测试硬件和软件环境的功能。由运行时填充的值决定在当前上下文中，触摸输入是否可用于 Flash 运行时。

事件

ActionScript 使用事件侦听器和事件处理函数管理触摸屏输入事件，与其他事件的管理方式一样。但是，对触摸屏输入事件处理还必须考虑以下几点。

● 设备或操作系统可以以多种方式解释触摸，可以解释为一系列触摸，也可以笼统地解释为一个手势。
● 对启用触摸的设备的单个触摸（通过手指、笔针设备）也会始终调度鼠标事件，即在触发触控事件的同时，也会触发鼠标事件（将触控看作鼠标的单击）。
● 应用程序可以响应多个同步触摸事件并单独处理每个事件。

阶段

对于触摸和多点触控应用程序，触摸事件对象包含用于跟踪用户交互阶段的属性。编写 ActionScript 处理阶段（如用户输入的开始、更新或结束阶段），从而为用户提供反馈。响应不同事件阶段，可以随着用户在屏幕上的触摸点改变而让一些可视对象跟随移动或变化。对于手势，当动作发生时解释有关动作转换的特定信息。当接触点（或多个接触点）沿屏幕移动时，跟踪它们的坐标。

10.1.1　移动设备的触摸输入方式

在 ActionScript 中，基本触摸事件与其他事件（如鼠标事件）的处理方式相同，即通过侦听由 TouchEvent 类中的事件类型定义的一系列触摸事件。处理触摸事件的基本流程有以下关键 4 步。

（1）通过将 Multitouch.inputMode 属性设置为 MultitouchInputMode.TOUCH_POINT，使应用程序支持处理触摸事件。

（2）将事件侦听器附加到从 InteractiveObject 类继承属性的类实例中，如 Sprite 或 TextField。

（3）指定要处理的触摸事件的类型。

（4）调用事件处理函数以执行某些操作，从而响应事件。

以下例子程序会在用户触控屏幕中的正方形时，显示一句文本。

```
//设定程序支持触摸交互
Multitouch.inputMode=MultitouchInputMode.TOUCH_POINT;

var mySprite:Sprite = new Sprite();
var myTextField:TextField = new TextField();

mySprite.graphics.beginFill(0x336699);
mySprite.graphics.drawRect(0,0,40,40);
addChild(mySprite);

//指定 mySprite 监听触摸事件，并交由 taphandler 方法处理时间
mySprite.addEventListener(TouchEvent.TOUCH_TAP, taphandler);

//触摸事件的处理函数，显示一句文字
function taphandler(evt:TouchEvent): void {
    myTextField.text = "用户触摸了屏幕";
    myTextField.y = 50;
    addChild(myTextField);
}
```

每种事件，在触发时都有一个事件对象，用于记录该事件的相关信息。在触摸事件中，有一个 TouchEvent 对象包含有关触摸事件的位置信息和条件信息。例如，通过访问 TouchEvent 对象的 stageX 属性将获得 X 坐标。以下例子演示了当用户触摸屏幕时，显示触摸点在舞台中的 X 坐标值。

```
Multitouch.inputMode=MultitouchInputMode.TOUCH_POINT;

var mySprite:Sprite = new Sprite();
var myTextField:TextField = new TextField();

mySprite.graphics.beginFill(0x336699);
mySprite.graphics.drawRect(0,0,40,40);
addChild(mySprite);
```

```
mySprite.addEventListener(TouchEvent.TOUCH_TAP, taphandler);

function taphandler(evt:TouchEvent): void {
//通过 stageX 获得触控位置的 X 坐标
myTextField.text = "触摸点的 X 坐标是" + evt.stageX.toString;
myTextField.y = 50;
addChild(myTextField);
}
```

TouchEvent 除了 TOUCH_TAP 事件以外，还提供了其他用于跟踪触摸阶段的事件。跟鼠标事件类似，有开头、中间和结尾事件，分别命名为 TOUCH_BEGIN、TOUCH_MOVE 和 TOUCH_END。

此外，触摸点 ID（touchPointID）是 TouchEvent 中一个很重要的属性。Flash 运行时为每个触摸点分配一个唯一的 touchPointID 值。当应用程序响应触摸输入阶段或触摸输入的移动时，请先检查 touchPointID，然后再处理该事件。touchPointID 属性确保事件处理函数响应正确的触摸点。否则，事件处理函数将响应设备上触摸事件类型的任何实例（例如，所有 touchMove 事件），从而产生不可预测的行为。此属性在用户拖动对象时特别重要。

以下例子演示了一个跟随手指移动的方块。程序设置了一个变量 touchMoveID，用于测试正确的 touchPointID 值，以便对触摸移动事件做出响应。此外，移动阶段和结束阶段的监听对象为舞台，而不是方块，这样能防止用户的触摸移动超出方块范围时，方块无法响应。

```
Multitouch.inputMode = MultitouchInputMode.TOUCH_POINT;
var mySprite:Sprite = new Sprite();
mySprite.graphics.beginFill(0x336699);
mySprite.graphics.drawRect(0,0,40,40);
addChild(mySprite);
var myTextField:TextField = new TextField();
addChild(myTextField);
myTextField.width = 200;
myTextField.height = 20;
//定义一个变量 touchMoveID，记录当次触摸的标号
var touchMoveID:int = 0;

//添加方块对触摸开始事件的监听
mySprite.addEventListener(TouchEvent.TOUCH_BEGIN, onTouchBegin);
//触摸开始处理方法
function onTouchBegin(event:TouchEvent) {
    if(touchMoveID != 0) {
        myTextField.text = "已经有触摸控制移动，忽略新的触摸";
```

```
            return;
        }
        //将此时触摸的 ID 记录到 touchMoveID
        touchMoveID = event.touchPointID;

        myTextField.text = "触摸开始" + event.touchPointID;
        //添加舞台对触摸移动和触摸结束两个事件的监听
        stage.addEventListener(TouchEvent.TOUCH_MOVE, onTouchMove);
        stage.addEventListener(TouchEvent.TOUCH_END, onTouchEnd);
}


//触摸移动处理方法
function onTouchMove(event:TouchEvent) {
    //通过 touchPointID 判断这个移动的事件是不是属于刚刚开始的那一次触摸
    if(event.touchPointID != touchMoveID) {
        myTextField.text = "忽略无关的触摸";
        return;
    }
    mySprite.x = event.stageX;
    mySprite.y = event.stageY;
    myTextField.text = "触摸移动" + event.touchPointID;
}


//触摸结束处理方法
function onTouchEnd(event:TouchEvent) {
    if(event.touchPointID != touchMoveID) {
        myTextField.text = "忽略无关的触摸";
        return;
    }
    //将记录变量归零
    touchMoveID = 0;
    //结束舞台对移动和结束事件的监控
    stage.removeEventListener(TouchEvent.TOUCH_MOVE, onTouchMove);
    stage.removeEventListener(TouchEvent.TOUCH_END, onTouchEnd);
    myTextField.text = "触摸结束" + event.touchPointID;
}
```

10.1.2 移动设备上的触控事件和手势

触摸是指单点接触的输入，其动作分解就只有点按、移动和放开。而多点触控是指支持多个触摸点，而且这些触摸点的动作可以形成许多不同的组合。Flash 将这些组合封装为各种不同的手势，免除开发人员仅仅通过触摸点之间的几何运算而得到用户输入动作的情况。注意，多点触摸的实际运行效果取决于运行硬件和系统的支持。

手势触摸事件的处理流程与单点触摸基本一致。

（1）通过将 Multitouch.inputMode 属性设置为 MultitouchInputMode.GESTURE，设置应用程序支持手势输入处理。

（2）将事件侦听器附加到从 InteractiveObject 类继承属性的类实例，如 Sprite 或 TextField。

（3）指定要处理的手势事件的类型。

（4）调用事件处理函数以执行某些操作，从而响应事件。

手势动作所支持的事件类包括 TransformGestureEvent 类、GestureEvent 类和 PressAndTapGestureEvent 类，不同的手势动作需要监听不同的事件类。

▶ 1. 两指轻敲

"两指轻敲"表示两个手指同时快速单击屏幕。这个动作可以通过监听 GestureEvent.GESTURE_TWO_FINGER_TAP 和 PressAndTapGestureEvent.GESTURE_PRESS_AND_TAP 两种事件来实现。以下例子演示如何响应用户的两指轻敲屏幕。

使用 GestureEvent. GESTURE_TWO_FINGER_TAP 事件的形式，具体代码如下所示。

```
Multitouch.inputMode=MultitouchInputMode.GESTURE;

var mySprite:Sprite = new Sprite();
var myTextField:TextField = new TextField();

mySprite.graphics.beginFill(0x336699);
mySprite.graphics.drawRect(0,0,40,40);
addChild(mySprite);
 //方块添加对 GestureEvent.GESTURE_TWO_FINGER_TAP 事件监听
mySprite.addEventListener(GestureEvent.GESTURE_TWO_FINGER_TAP, taphandler);

function taphandler(evt:GestureEvent): void {
myTextField.text = "两指轻敲";
myTextField.y = 50;
addChild(myTextField);
}
```

使用 PressAndTapGestureEvent.GESTURE_PRESS_AND_TAP 的形式，具体代码如下所示。

```
Multitouch.inputMode=MultitouchInputMode.GESTURE;

var mySprite:Sprite = new Sprite();
```

```
        var myTextField:TextField = new TextField();

        mySprite.graphics.beginFill(0x336699);
        mySprite.graphics.drawRect(0,0,40,40);
        addChild(mySprite);

        //监听 PressAndTapGestureEvent.GESTURE_PRESS_AND_TAP 事件
        mySprite.addEventListener(PressAndTapGestureEvent.GESTURE_PRESS_AND_TAP,
taphandler);

        function taphandler(evt:PressAndTapGestureEvent): void {
        myTextField.text = "两指轻敲";
        myTextField.y = 50;
        addChild(myTextField);
        }
```

▶2. 捏缩放

"捏缩放"表示两个以上手指在屏幕上以靠近或远离的动作进行组合。常用于放大或缩小某个可视对象的交互，如放大图片、地图等。缩放事件是 TransformGestureEvent. GESTURE_ZOOM，在缩放的时候，通过 TransformGestureEvent 对象的 scaleX 和 scaleY 属性获得用户缩放距离在 X 轴分量和 Y 轴分量的比例。如果是放大动作，这个值是大于 1 的浮点数，如果是缩小动作，这个值是 0～1 之间的浮点数。

以下例子演示了方块随手指的捏缩放而变大和变小。

```
Multitouch.inputMode=MultitouchInputMode.GESTURE;

var mySprite:Sprite = new Sprite();

mySprite.graphics.beginFill(0x336699);
mySprite.graphics.drawRect(0,0,40,40);
addChild(mySprite);
//舞台监听捏缩放动作
stage.addEventListener(TransformGestureEvent.GESTURE_ZOOM, zoomHandler);

function zoomHandler(event:TransformGestureEvent):void
{   //缩放大小
    mySprite.scaleX *= event.scaleX;
    mySprite.scaleY *= event.scaleY;
}
```

3. 摇移

"摇移"表示在屏幕上慢慢划动。它是将上一节的移动动作进行封装。摇移动作的事件是 TransformGestureEvent.GESTURE_PAN，在 TransformGestureEvent 对象中有一个属性 phase，它其实是一个 GesturePhase 的枚举类型，枚举值有 BEGIN、UPDATE 和 END，分别对应单击、移动和松开。

以下例子是当用户点按方块时方块放大 1.5 倍，当滑动时方块半透明并向下移动，放开后恢复原状。

```
Multitouch.inputMode = MultitouchInputMode.GESTURE;
var mySprite = new Sprite();
//方块监听摇移事件
mySprite.addEventListener(TransformGestureEvent.GESTURE_PAN , onPan);
mySprite.graphics.beginFill(0x336699);
mySprite.graphics.drawRect(0, 0, 40, 40);
var myTextField = new TextField();
myTextField.y = 200;
addChild(mySprite);
addChild(myTextField);

function onPan(evt:TransformGestureEvent):void {
    方块下移
    evt.target.localX++;

    //开始的时候放大方块 1.5 倍
    if (evt.phase==GesturePhase.BEGIN) {
        myTextField.text = "开始";
        evt.target.scaleX *= 1.5;
        evt.target.scaleY *= 1.5;
    }
    //更新（滑动）的时候半透明
    if (evt.phase==GesturePhase.UPDATE) {
        myTextField.text = "更新";
        evt.target.alpha = 0.5;
    }
    //结束后恢复大小和透明度
    if (evt.phase==GesturePhase.END) {
        myTextField.text = "End";
        evt.target.width = 40;
        evt.target.height = 40;
        evt.target.alpha = 1;
```

```
    }
   }
```

▶4．旋转

"旋转"表示用户用两个手指在屏幕上旋转，这在游戏中是十分常见的手势。旋转的事件是 TransformGestureEvent.GESTURE_ROTATE。在 TransformGestureEvent 对象中有属性 rotation，表示旋转的角度偏移。以下例子演示小方块随手势转动而旋转。

```
Multitouch.inputMode=MultitouchInputMode.GESTURE;

var mySprite:Sprite = new Sprite();

mySprite.graphics.beginFill(0x336699);
mySprite.graphics.drawRect(0,0,40,40);
addChild(mySprite);
//舞台监听旋转动作
stage.addEventListener(TransformGestureEvent.GESTURE_ ROTATE, rotateHandler);

function rotateHandler (event:TransformGestureEvent):void
{ //旋转
   mySprite. rotation += event.rotation;
}
```

▶5．快速划过

用户在屏幕上向一个方向滑动时，在屏幕上所停留的时间比较短，在完成滑动时将引发快速划过事件。快速划过的事件是 TransformGestureEvent.GESTURE_SWIPE。在 TransformGestureEvent 对象中，offsetX 属性表示在 X 轴分量上滑动方向，大于零为向右，小于零为向左。同理 offsetY 属性表示在 Y 轴分量上滑动方向。以下代码演示通过快速划动让小方块快速移动。

```
Multitouch.inputMode=MultitouchInputMode.GESTURE;

var mySprite:Sprite = new Sprite();

mySprite.graphics.beginFill(0x336699);
mySprite.graphics.drawRect(0,0,40,40);
addChild(mySprite);
//舞台监听快速划过动作
stage.addEventListener(TransformGestureEvent.GESTURE_SWIPE, swipeHandler);

function swipeHandler (event:TransformGestureEvent):void
```

```
{
  switch(event.offsetX)
    {
      case 1:
        {
          mySprite.X+=50; //向右
          break;
        }
      case -1:
        {
          mySprite.X-=50; //向左
          break;
        }
    }
  switch(event.offsetY)
    {
      case 1:
        {
          mySprite.Y +=50; //向下
          break;
        }
      case -1:
        {
          mySprite.Y -=50; //向上
          break;
        }
    }
}
```

10.2　iOS 游戏开发基本流程

　　iOS 平台的软件都需要通过 App Store 进行安装。App Store 提供给开发者上传自己的应用，并由苹果公司审核通过后上架。手机用户可以在 App Store 付费或免费下载应用。iOS 环境下的应用从开发到使用都是在苹果的生态圈中，在苹果公司进行监管下进行。因此要开发 iOS 平台下的游戏应用，必须先向苹果申请开发者证书。

10.2.1　申请开发者证书

　　访问地址 https://developer.apple.com/programs/ios/，打开如图 10-1 所示的界面，单击

"Enroll Now" 按钮。

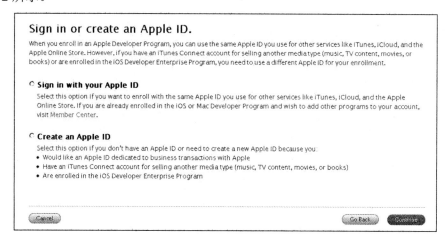

图 10-1　进入"开发人员注册"界面

如果已经是苹果用户，可以选择第 1 项，否则选择第 2 项创建一个 Apple ID，如图 10-2 所示。

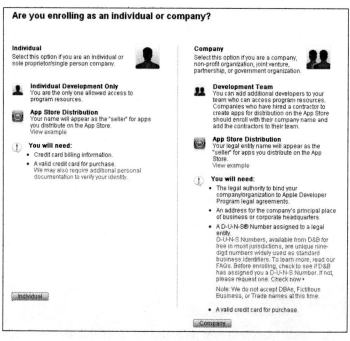

图 10-2　使用 Apple ID 登录

选择开发者类型，一般的个人用户选择"Individual"，如果是公司用户，则选择"Company"，如图 10-3 所示。

图 10-3　开发用户类型选择

然后就是填写开发者信息。第一步用户资料，注意用户名必须和信用卡名字一致，如图 10-4 所示。

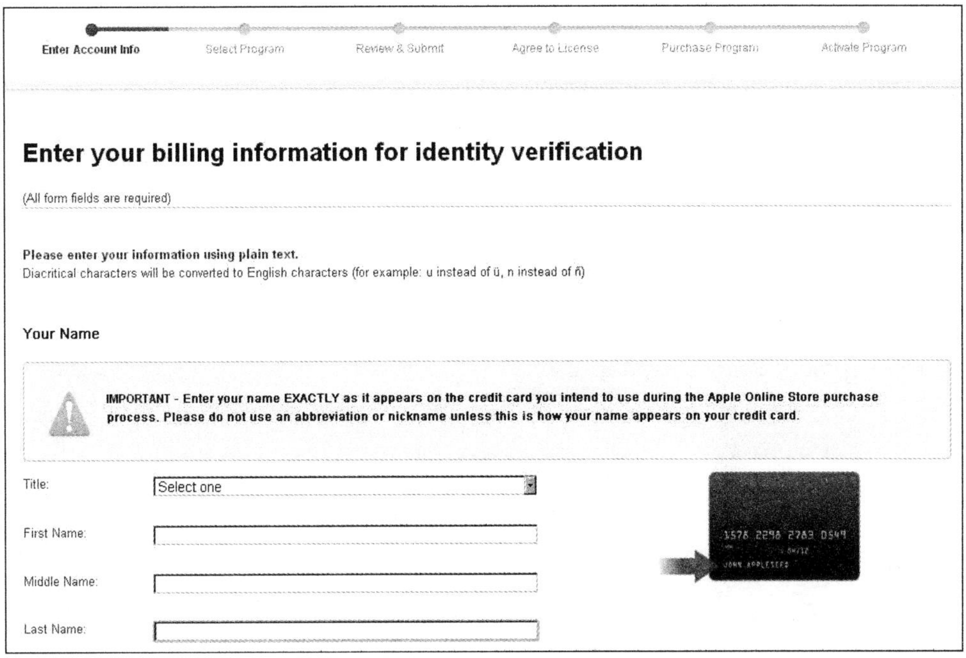

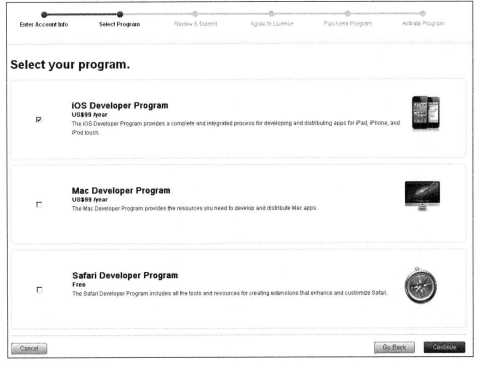

图 10-4　填写用户资料

第二步，填写你需要发布的应用类型，移动开发选择"iOS Developer Program"，如图 10-5 所示。

图 10-5　选择应用类型

第三步，最后检查一次刚才所填写的信息，如图 10-6 所示。

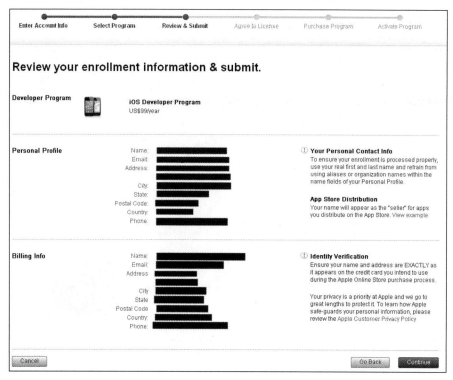

图 10-6　检查填写信息

第四步，同意 License，如图 10-7 所示。

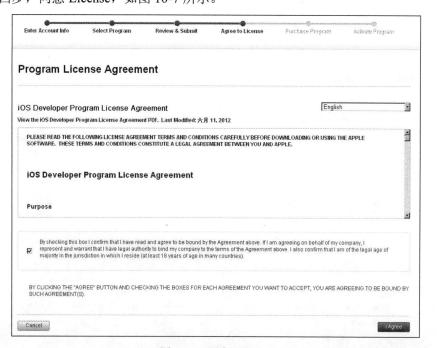

图 10-7　同意 License

第五步，付费，如图 10-8 所示。

图 10-8　付费通知界面

　　中国大陆用户需要发传真到苹果公司进行付费操作。单击左方"Purchase Form"按钮下载表格，填写完成之后传真到+1 (408) 862-7602。资料正确苹果公司将从你信用卡扣除 99 美金，并将你的激活码发送到你的电子邮箱，如图 10-9 所示。

图 10-9　激活信息邮件

单击激活码链接，就可以完成全部手续，成为苹果开发人员，如图 10-10 所示。

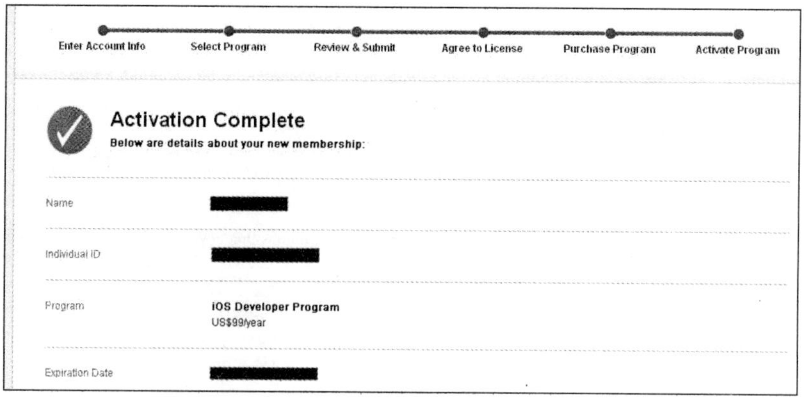

图 10-10　激活完成

10.2.2　AppID 和相关的证书

苹果公司对应用管理十分严格，制作和管理开发者身份认证信息也比较复杂。一个 iOS 应用开发过程中可能用到的相关文件包括开发者证书、AppID、推送证书和配置文件。开发者除了注册以外，还需要创建属于自己的开发者证书用来证明自己的开发者身份。开发者证书分为开发和发布两种，分别为 iOS Development 和 iOS Distribution。开发者证书用于真机调试，发布证书用于将应用上传到 App Store。

除了每个开发者需要有独立的证书外，每个应用都必须有一个唯一的 AppID。AppID 是每一个应用的独立标识，在设置项中可以配置该应用的权限，例如，是否用到了 PassBook、GameCenter 及更常见的 push 服务。

推送证书。因为 iOS 应用的推送通知是由苹果的服务器发送的，所以苹果对推送发送者需要有一个身份认证，这就是推送证书。推送证书与开发者证书一样，分为开发和发布两种。推送证书在 AppID 申请的时候生成，推送证书包含 AppID 相关的资料。

配置文件，名为 Provisioning Profiles 简称 PP，是苹果特有的一种配置文件。该文件将 AppID、开发者证书和硬件 Device 绑定到一起。当需要真机测试的时候，还需要在 PP 文件中添加测试机器的 UDID。

因为各种证书管理上比较复杂，而且证书在不同的开发机器中传递不方便，苹果公司支持将每一个证书导出成一个 P12 文件。P12 文件是一个加密的文件，只要知道其密码，就可以提供给所有的 Mac 设备使用，使设备不需要在苹果开发者网站重新申请开发和发布证书。

10.2.3　Flash 的 iOS 发布设置

在开发游戏完成之后，可以通过 Flash Professional 直接将项目打包为 iOS 的安装文件。在菜单"文件"→"发布设置"中选择发布目标平台为"AIR 3.2 for iOS"，如图 10-11 所示。

图 10-11　发布目标平台设置

　　单击菜单"文件"→"发布"命令，再进一步设置 AIR for iOS 的栏目。"常规"选项设置应用程序的名称、运行的屏幕方向和支持的设备等，如图 10-12 所示。

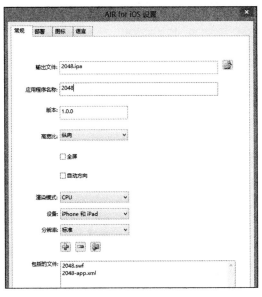

图 10-12　"常规"选项页设置

　　"部署"选项页需要填写 P12 格式的证书，选择部署的类型，是单机测试还是发布到 App Store，如图 10-13 所示。

图 10-13　"部署"选项页设置

"图标"选项页设置应用所使用的图标，图标大小需要按照固定的格式要求，如图 10-14 所示。

"语言"选项页设置应用所支持的语言，如图 10-15 所示。

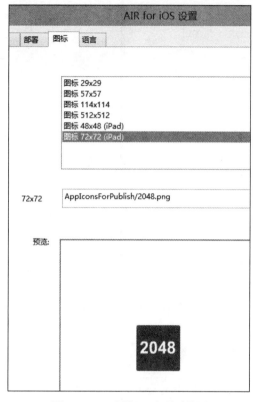

图 10-14　"图标"选项页设置

图 10-15　"语言"选项页设置

10.3　游戏涉及相关知识

"2048"游戏的舞台场景区域是一个 4×4 的正方形。通过构造一个 4 行 4 列的二维数组单元格对象，就可以快速访问到具体的某一个单元格。二维数组本质上是以数组作为数组元素的数组，即"数组的数组"。

AS 通过 Array 对象构建数组，在定义数组的时候，数组中的每个元素之间用逗号分隔。二维数组可以看成是数组的嵌套，对于外层数组而言，它的每个元素又是一个数组，而且第二层数组的个数必须要一致。

下面代码演示了定义并初始化一个 4 行 2 列的二维数组 intarray。

```
var intarray:Array = [[-1.4,126.2],[-78,126.2],[-154.5,126.2],[73.7,-121.9]];
```

二维数组的元素可以通过 intarray[i][j]的形式访问，其中 i 表示行下标，j 表示列下标。例如，intarray[2][1]表示第 3 行第 2 列。遍历二维数组需要两层循环嵌套，分别对应行和列下标值。遍历的方法分为行优先和列优先两种情况。

行优先是指每次遍历的时候，先访问同一行（第一位坐标相同）的所有元素，再访问下一行的元素。在行优先的情况下，根据同一行元素访问的先后次序，又分为从左到右和从右到左两种情况。

列优先是指每次遍历的时候，先访问同一列（第二位坐标相同）的所有元素，再访问下一列的元素。在列优先的情况下，根据同一列元素访问的先后次序，又分为从上到下和从下到上两种情况。

10.4 游戏的开发过程

本游戏分为 5 个流程：①创建项目，②游戏美工制作，③绘制程序流程图，④解决游戏关键问题，⑤实现游戏。

10.4.1 第一步：创建项目

本游戏使用 FlashDevelop+Flash 的开发模式，首先在 FlashDevelop 中建立项目，单击菜单"项目"→"新建项目"命令，选择"Flash IDE Project"项目，设置工程名称为"2048"，勾选"创建项目文件夹"，保存在桌面中（如图 10-16 所示）。建立成功后，就会在桌面中生成一个 2048 的文件夹，文件夹内有 2048.as3proj 的 FlashDevelop 工程文件。接着再打开 Flash CS6，创建分辨率为 540px*720px 的 ActionScript 3.0 项目，设置舞台底色为#BBADA0，以 2048.fla 文件名保存到 2048 文件夹中，并且设置项目主类为"Main.as"（如图 10-17 所示）。打开 2048.as3proj，通过 FlashDevelop 在项目文件夹中建立 Main.as 文件，开始游戏代码的编写工作。

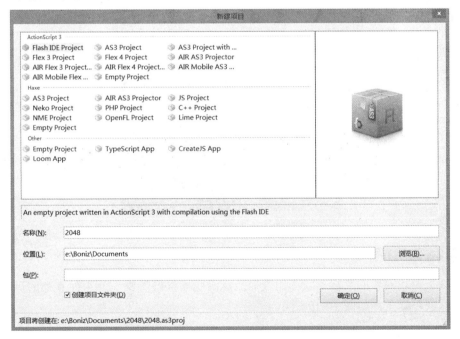

图 10-16　FlashDevelop 的"Flash IDE Project"项目

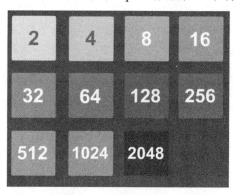

图 10-17　Flash 工程文件 2048.fla 的基本设置

10.4.2　第二步：游戏美工制作

▶1．游戏元素设计

本游戏属于数字益智类游戏，不需要设置角色。但游戏中需要出现 2、4、8、16、32、64、128、256、512、1024 和 2048 这几个数字，随着游戏的不断推进，为了使玩家增加紧张的刺激感，数字素材在设计时按从小到大不断加重色彩感官刺激的理念，最终2048 使用醒目而兴奋的红色显示。每一个数字独立定义一个 Sprite，每个数字长度为117.45px 的正方形。图 10-18 将全部的数字 Sprite 放置在一个场景中展示出来。

图 10-18　数字 Sprite 设计

▶2．游戏界面设计

棋牌类游戏的界面风格一般都比较简洁，游戏场景只需要一个 4 行 4 列的棋盘格作为背景图就可以了，如图 10-19 所示。

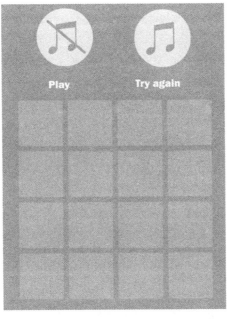

图 10-19   游戏界面元素设计图

10.4.3   第三步：绘制程序流程图

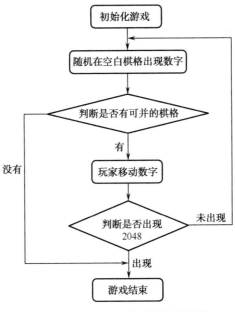

图 10-20   "2048" 游戏程序流程图

10.4.4   第四步：解决游戏关键问题

本游戏设计难度不高，主要问题是处理棋格的数据变化，玩家手势动作和一些关键状态的判断。

问题 1：如何高效地记录棋格中的数字？

解决方法：创建一个派生自 MovieClip 的类 Cardpanel，Cardpanel 表示一个卡片。Cardpanel 包含三个成员属性，mbmusic 是记录音效的属性，cardmark 是一个 MovieClip，用于显示不同数字的外观效果，int 型的 datanumber 是记录卡片的数字，初始化为 0，表示没有数字。游戏中可能出现的 11 个数刚好是 2 的 1 至 11 次幂，因此 datanumber 并不需要直接记录 11 个数的值，而是用它们的权值替代。例如，$2^6=64$，当 datanumber 为 6 时表示卡片的值是 64。这样做使得卡片在叠加时只需执行自增（++）的操作就可以了。

Cardpanel 有一个 updatemark()的方法，这个方法会根据卡片当前的数字刷新显示的效果图片。通过一个 switch 语句判断 datanumber 就可以正确地从 11 种不同的图片中设置需要的画面。updatemark 方法代码如下（详细见案例 10-1）：

```
//更新世界方法函数
public function updatemark():void {
removeChild(cardmark);
switch(datanumber) {
    case 0:
        cardmark = new mc();
        addChild(cardmark);
        break;
    case 1:
        cardmark = new mc2();
        addChild(cardmark);
        break;
    case 2:
        cardmark = new mc4();
        addChild(cardmark);
        break;
    case 3:
        cardmark = new mc8();
        addChild(cardmark);
        break;
//case 4 至 case 11 代码略 ……
    }
}
```

除了 updatemark()方法外，Cardpanel 还有 gettweenaddeffect()和 gettweenscoreeffect()两个方法，分别用于播放合并和得分时的特效。在主场景的 16 个棋格中，每个棋格添加 1 个卡片，可以快速实现对棋格数字的处理。

问题 2：用户在屏幕滑动手势后，如何处理棋格的数字变化？

解决方法：通过监听手势事件 TransformGestureEvent.GESTURE_SWIPE 可以快速响应玩家上、下、左、右的滑动动作，在事件处理方法中按照滑动的方向分别进行处理。以向下滑动为例，设置一个底格和当前格，初始底格是第一列第四行，当前格是第一列第三行。判断当前格是否有数字，如果没有数字则当前格往上退一行；如果有数字，看看是否与底格数字相同，如果相同则将两格数字累加，同时将当前格置 0。执行完后当前格再上退一行，重复判断操作，直到当前格退至第一行。然后底格上移一行，成为第一列第三行，当前格重置为第一列第二行，继续上述判断。

累加结束后，执行下移操作。重新设置底格为第一列第四行，如果底格有数字，将底格上移一行，直到底格所在位置为空。然后重置当前格在底格同列的上一行，如果当前格数字为 0，当前格上移一行，直到当前格有数值。将当前格的值设置到底格，然后底格上移一行，重新执行当前格的初始化。

其他四个方向的原理基本一致，只是行和列的优先判断顺序改变而已。

问题 3：如何判断游戏结束？

解决方法：游戏结束有两种情况，一是出现了 2048，二是没有空格子而且也没有再移动的可能了。出现 2048 的判断只要遍历数组看是否有格子的 datanumber 为 11 即可；无法再移动的情况是通过反例判断，遍历每一个格子，只要某格子的上、下、左、右其中一种情况存在有相同 datanumber 的格子，则游戏可以继续。

10.4.5 第五步：实现游戏的框架结构

▶1．游戏元件素材制作与整理

游戏的元件素材大体包含界面、卡片图案、按钮、音效等方面的内容，如图 10-21、图 10-22 所示。

图 10-21 游戏元件库分类管理情况图

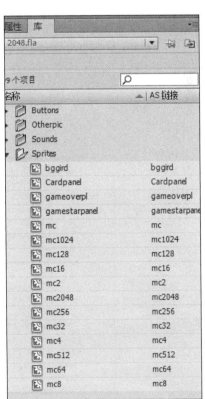

图 10-22 游戏元件 AS 链接情况图

2. 游戏框架搭建

本游戏的框架实现比较简单，基本上整个游戏由两个类构成，一个是卡片类Cardpanel，另一个是主类 Main。Carpanel 主要负责卡片显示素材的切换，以及卡片特效的处理，如图 10-23 所示。

```
public class Cardpanel extends MovieClip
{    //卡片显示图案的容器
     private var cardmark:MovieClip;
     //背景音乐
     private var mbmusic:Sound;
     //卡片的数值
     public var datanumber:int = 0;
     public function Cardpanel() {} //
     public function updatemark():void {} //  更新卡片数字
     public function gettweenaddeffect():void {}// 卡片合拼特效
     public function gettweenscoreeffect():void {} // 卡片得分特效
}
```

图 10-23　Cardpanel 类结构解析图

主类 Main.as 中就完成了大部分的工作了，游戏初始化由 gameinit()方法执行，游戏过程中主要由 swipeHandler()、downCombineNumber()、upCombineNumber()、rightCombineNumber()和 leftCombineNumber()等核心方法处理卡片的移动合并，具体如图 10-24 所示。

```
public function Main() {}
      //添加开始界面 UI 方法
      private function gamestartmenu():void {}
      //游戏开始
      private function gamestart(e:MouseEvent):void {    }
      //游戏初始化
      private function gameinit():void {  }
      //背景音乐处理方法
      private function musicstopandplay(e:MouseEvent):void {}
      //手势滑动处理方法
      private function swipeHandler(event:TransformGestureEvent):void {}
      //游戏结束
      private function gameover():void {}
      //重新开始游戏
      private function gamereplay(e:MouseEvent):void {}
      //键盘事件处理，兼容 PC 平台处理
      private function keyctrlmove(e:KeyboardEvent):void {}
      //判断游戏结束方法
      private function checkgameover():void {}
      //添加新卡片方法
      private function addcard():void {}
      //增加步数操作方法
      private function addstep():void {}
      //加分方法
      private function addscore(s:Number ):void {}
      //向下滑动处理的方法
      private function downCombineNumber():void {}
      //向上滑动处理的方法
      private function upCombineNumber():void {}
      //向右滑动处理的方法
      private function rightCombineNumber():void {}
      //向左滑动处理的方法
      private function leftCombineNumber():void {}
```

图 10-24　游戏主类 Main 的主要函数解析图

（1）游戏初始化设计。

　　游戏运行后，运行 gamestartmenu()方法进入等待画面，并提供一个"Play"按钮等待玩家单击。游戏开始后，执行 gamestart 方法，该方法删除了界面上的初始状态画面，执行 gameinit()函数来实现游戏的初始化。gameinit()函数除了一些常见的操作游戏的背景图、背景音乐、分数和步数标示板和显示的文本进行设置外，还有一些本游戏特殊的处理。

　　定义 16 个 Cardpanel 对象，分别代表 4 行 4 列中的 16 个格子。定义一个二维数组 cardarray，将 16 个 Cardpanel 对象放置到对应的行和列。遍历二维数组，将卡片格子放入舞台场景中。随机在两个位置设定格子的值为 2。开启屏幕滑动手势的监听，处理函数声明为 swipeHandler。代码如下所示：

```
//游戏主函数
public function Main() {
        gamestartmenu();
    }
    //添加主界面按钮方法
    private function gamestartmenu():void {

        gamestartmu = new gamestartpanel();
        gamestartmu.x = 0;
        gamestartmu.y = 0;
        gamestartmu.width = 540;
        addChild(gamestartmu);

        playgamebu = new playbu();
        playgamebu.x = 200;
        playgamebu.y = 400;
        addChild(playgamebu);
        playgamebu.addEventListener(MouseEvent.CLICK, gamestart);

    }
    //游戏开始
    private function gamestart(e:MouseEvent):void {
        playgamebu.removeEventListener(MouseEvent.CLICK, gamestart);
        removeChild(gamestartmu);
        removeChild(playgamebu);
        gameinit();
    }
    //游戏初始化函数
    private function gameinit():void {
```

```
backgroundgird = new bggird();
backgroundgird.x = 30;
backgroundgird.y = 30;
addChild(backgroundgird);

bgmusic = new backgroundmusic();
bgmusicchannel = new SoundChannel();
bgmusicchannel = bgmusic.play(0, 10);
musicplaymark = true;

musicplaybu = new musiceclosebu();
musicplaybu.height = 65;
musicplaybu.width = 65;
musicplaybu.x = 240;
musicplaybu.y = 540;
addChild(musicplaybu);
musicplaybu.addEventListener(MouseEvent.CLICK, musicstopandplay);

textFormat1.font = "Franklin Gothic Heavy";
textFormat1.align = TextFormatAlign.CENTER;
textFormat1.size = 28;

scoremarkpanel.textColor=0xFFFFFF;
scoremarkpanel.width=120;
scoremarkpanel.height=120;
scoremarkpanel.x = 50;
scoremarkpanel.y = 540;
scoremarkpanel.text="SCORE"
scoremarkpanel.appendText("\n"+scoremark);
scoremarkpanel.setTextFormat(textFormat1);
addChild(scoremarkpanel);

stepmarkpanel.textColor=0xFFFFFF;
stepmarkpanel.width=120;
stepmarkpanel.height=120;
stepmarkpanel.x = 390;
stepmarkpanel.y = 540;
stepmarkpanel.text="STEP"
stepmarkpanel.appendText("\n0"+stepmark);
```

```
stepmarkpanel.setTextFormat(textFormat1);
addChild(stepmarkpanel);

//定义 16 个卡片对象
card11 = new Cardpanel();
card12 = new Cardpanel();
card13 = new Cardpanel();
card14 = new Cardpanel();
card21 = new Cardpanel();
card22 = new Cardpanel();
card23 = new Cardpanel();
card24 = new Cardpanel();
card31 = new Cardpanel();
card32 = new Cardpanel();
card33 = new Cardpanel();
card34 = new Cardpanel();
card41 = new Cardpanel();
card42 = new Cardpanel();
card43 = new Cardpanel();
card44 = new Cardpanel();

//定义二维数组，将卡片放入对应位置
cardarray = new Array();
cardarray = [[card11, card12, card13, card14],
                [card21, card22, card23, card24],
                [card31, card32, card33, card34],
                [card41,card42,card43,card44]];

//遍历二维数组，将卡片放到场景中
for (var i:int = 0; i < 4; i++)
    for (var j:int    = 0; j < 4; j++) {
        cardarray[i][j].x = 40 + i * 117;
        cardarray[i][j].y = 40 + j * 117;
        addChild(cardarray[i][j]);
        }

random1 = Math.random() * 3;
random2 = Math.random() * 3;
while (random1 == random2) {
    random2 = Math.random() * 3;
```

```
                }

            random11 = Math.random() * 3;
            random22 = Math.random() * 3;
        //随机将两个单元设置为 2
        cardarray[random1][random11].datanumber = 1;
        cardarray[random1][random11].updatemark();
        cardarray[random1][random11].gettweenaddeffect();
        cardarray[random2][random22].datanumber = 1;
        cardarray[random2][random22].updatemark();
        cardarray[random2][random22].gettweenaddeffect();

        stage.addEventListener(KeyboardEvent.KEY_UP, keyctrlmove);
        //添加滑动手势的事件响应，处理方法为 swipeHandler
        Multitouch.inputMode = MultitouchInputMode.GESTURE;
            stage.addEventListener (TransformGestureEvent.GESTURE_SWIPE, swipeHandler);

    }
```

（2）手势滑动处理。

在上文中已经提及了手势滑动处理的基本思路。由于上、下、左、右四个方向是结构相似但遍历操作顺序不同的处理，所以将实际的执行处理分别用 upCombineNumber()、downCombineNumber()、leftCombineNumber()、rightCombineNumber()方法封装，在 swipeHandler()方法中调用，代码如下：

```
private function swipeHandler(event:TransformGestureEvent):void {
        switch(event.offsetX){
            case 1: {
                // swiped right
                rightCombineNumber();
                 break;
            }
            case -1:{
                // swiped left
                leftCombineNumber();
                 break;
            }
        }

        switch(event.offsetY){
            case 1: {
```

```
                            // swiped down
                            downCombineNumber();
                            break;
                        }
                    case -1: {
                            // swiped up
                            upCombineNumber();
                            break;
                        }
                    }
                addcard();
                    if(checkgameover()) {
                        gameover();
                    }
                }
```

//向下移动卡片处理

```
        private function downCombineNumber():void {
            addstep();
            for (var i:int = 0; i < 4; i++){
                for (var j:int    = 3; j >=0 ; j--) {
                    if ( cardarray[i][j].datanumber != 0) {
                        var k = j - 1;
                        while (k >= 0) {
                            if ( cardarray[i][k].datanumber != 0) {
                                if ( cardarray[i][j].datanumber ==cardarray[i][k].datanumber) {
                                    cardarray[i][j].datanumber++;
                                    cardarray[i][j].updatemark();
                                    cardarray[i][j].gettweenscoreeffect();
                                    cardarray[i][k].datanumber = 0;
                                    cardarray[i][k].updatemark();
                                    //加分处理
                                    addscore(cardarray[i][j].datanumber);

                                }
                                k = -1;
                                break;
                            }
                        k--;
                        }
```

```
                  }
               }
            }

         for (var i:int = 0; i < 4; i++){
            for (var j:int   = 3; j >= 0; j--) {
               if ( cardarray[i][j].datanumber == 0) {
                  var k = j - 1;
                  while (k >=0) {
                     if ( cardarray[i][k].datanumber != 0) {
                        cardarray[i][j].datanumber=cardarray[i][k].datanumber;
                        cardarray[i][j].updatemark();
                        cardarray[i][k].datanumber = 0;
                        cardarray[i][k].updatemark();
                        k = -1;
                     }
                  k--;
                  }
               }
            }
         }
      }
      //向上移动卡片处理
      private function upCombineNumber():void {
         addstep();
         for (var i:int = 0; i < 4; i++){
            for (var j:int   = 0; j < 4; j++) {
               if ( cardarray[i][j].datanumber != 0) {
                  var k = j + 1;
                  while (k < 4) {
                     if ( cardarray[i][k].datanumber != 0) {
                        if ( cardarray[i][j].datanumber ==cardarray[i][k].datanumber) {
                           cardarray[i][j].datanumber++;
                           cardarray[i][j].updatemark();
                            cardarray[i][j].gettweenscoreeffect();
                           cardarray[i][k].datanumber = 0;
                           cardarray[i][k].updatemark();
                           //加分处理
                           addscore(cardarray[i][j].datanumber);
                        }
```

```
                                        k = 4;
                                        break;
                                    }
                                k++;
                            }
                        }
                    }
                }

        for (var i:int = 0; i < 4; i++){
            for (var j:int    = 0; j < 4; j++) {
                if ( cardarray[i][j].datanumber == 0) {
                    var k = j + 1;
                    while (k < 4) {
                        if ( cardarray[i][k].datanumber != 0) {
                            cardarray[i][j].datanumber=cardarray[i][k].datanumber;
                            cardarray[i][j].updatemark();
                            cardarray[i][k].datanumber = 0;
                            cardarray[i][k].updatemark();
                            k = 4;
                        }
                        k++;
                    }
                }
            }
        }
    }
    //向右移动卡片处理
    private function rightCombineNumber():void {
        addstep();
        for (var j:int = 0; j < 4; j++){
            for (var i:int    =3; i >=0; i--) {
                if ( cardarray[i][j].datanumber != 0) {
                    var k = i - 1;
                    while (k >=0) {
                        if ( cardarray[k][j].datanumber != 0) {
                            if ( cardarray[i][j].datanumber ==cardarray[k][j].datanumber) {
                                cardarray[i][j].datanumber++;
                                cardarray[i][j].updatemark();
                                cardarray[i][j].gettweenscoreeffect();
```

```
                                  cardarray[k][j].datanumber = 0;
                                  cardarray[k][j].updatemark();
                                  //加分处理
                                  addscore(cardarray[i][j].datanumber);

                               }
                               k = -1;
                               break;
                           }
                        k--;
                        }
                    }
                }
            }

        for (var j:int = 0; j < 4; j++){
            for (var i:int   = 3; i >= 0 ; i--) {
                if ( cardarray[i][j].datanumber == 0) {
                    var k = i - 1;
                    while (k >= 0) {
                        if ( cardarray[k][j].datanumber != 0) {
                            cardarray[i][j].datanumber=cardarray[k][j].datanumber;
                            cardarray[i][j].updatemark();
                            cardarray[k][j].datanumber = 0;
                            cardarray[k][j].updatemark();
                            k =-1;
                        }
                    k--;
                    }
                }
            }
        }
    }
    //向左移动卡片处理
    private function leftCombineNumber():void {
        addstep();
        for (var i:int = 0; i < 4; i++){
            for (var j:int   = 0; j < 4; j++) {
                if ( cardarray[i][j].datanumber != 0) {
                    var k = i + 1;
```

```
                    while (k < 4) {
                        if ( cardarray[k][j].datanumber != 0) {
                            if ( cardarray[i][j].datanumber ==cardarray[k][j].datanumber) {
                                cardarray[i][j].datanumber++;
                                cardarray[i][j].updatemark();
                                cardarray[i][j].gettweenscoreeffect();
                                cardarray[k][j].datanumber = 0;
                                cardarray[k][j].updatemark();

                                //加分处理
                                addscore(cardarray[i][j].datanumber);
                            }
                            k = 4;
                            break;
                        }
                        k++;
                    }
                }
            }
        }

    for (var i:int = 0; i < 4; i++){
        for (var j:int   = 0; j < 4; j++) {
            if ( cardarray[i][j].datanumber == 0) {
                var k = i + 1;
                while (k < 4) {
                    if ( cardarray[k][j].datanumber != 0) {
                        cardarray[i][j].datanumber=cardarray[k][j].datanumber;
                        cardarray[i][j].updatemark();
                        cardarray[k][j].datanumber = 0;
                        cardarray[k][j].updatemark();
                        k = 4;
                    }
                    k++;
                }
            }
        }
    }
}
```

（3）游戏结束。

通过方法 checkgameover()判断游戏是否结束。结束有两种情况，出现 2048 或没有空格子且没有可以移动的格子。具体思路上文已经说明，具体代码如下。

```
//判断游戏结束方法
private function checkgameover():Boolean {
    //记录游戏是否结束，true 表示可以结束
     var gameovermark:Boolean=true;

    for (var i:int = 0; i < 4; i++){
        for (var j:int   = 0; j < 4; j++) {
            //出现 2048
            if(cardarray[i][j].datanumber == 11){
                break;
            }
            //有空格子，可以继续。设置 false
            if(cardarray[i][j].datanumber == 0){
                gameovermark = false;
                break;
            }
            //下面几个 if 分别判断当前格子的上下左右有没有可以移动的可能
            if (i > 0) {
                if (cardarray[i][j].datanumber == cardarray[i - 1][j].datanumber) {
                    gameovermark = false;
                    break;
                }
            }
            if (i < 3) {
                if (cardarray[i][j].datanumber == cardarray[i + 1][j].datanumber) {
                    gameovermark = false;
                    break;
                }
            }
            if (j > 0) {
                if (cardarray[i][j].datanumber == cardarray[i][j - 1].datanumber) {
                    gameovermark = false;
                    break;
                }
            }
            if (j< 3) {
```

```
                    if (cardarray[i][j].datanumber == cardarray[i][j+1].datanumber) {
                        gameovermark = false;
                        break;
                    }
                }
            }
        }
        return gameovermark;
    }


    //游戏结束方法
    private function gameover():void {

        stage.removeEventListener(KeyboardEvent.KEY_UP, keyctrlmove);
        stage.removeEventListener (TransformGestureEvent.GESTURE_SWIPE, swipeHandler);
        bgmusicchannel.stop();

        gameoverpanel = new gameoverpl();
        addChild(gameoverpanel);

        finalscoremarkpanel.textColor=0x9B8673;
        finalscoremarkpanel.width=300;
        finalscoremarkpanel.height=120;
        finalscoremarkpanel.x = 120;
        finalscoremarkpanel.y = 280;
        finalscoremarkpanel.text="YOUR FINAL SCORE";
        finalscoremarkpanel.appendText("\n"+scoremark);
        finalscoremarkpanel.setTextFormat(textFormat1);
        addChild(finalscoremarkpanel);

        againbu = new tryagainbu();
        againbu.x =190;
        againbu.y = 380;
        addChild(againbu);
        againbu.addEventListener(MouseEvent.CLICK, gamereplay);

    }
```

本章小结

移动游戏与其他游戏最大的不同之处在于它的交互方式主要是通过玩家的触摸和手势来实现的。Flash 为移动游戏开发提供了多方面的支持，其中触摸和手势的封装让开发人员无须进行复杂的几何计算，就能简单地实现对多种常见手势的支持。本章着重介绍了 ActionScript 中对触摸和手势动作处理的基本方法。此外还简单介绍了要进行 iOS 平台开发的一些注册准备工作，iOS 平台开发管理严格，步骤繁多，由于篇幅所限没有详细地一一列举，读者有兴趣的话可以在网上搜索一下相关资料继续学习研究。

思考与拓展

在本章案例游戏"2048"中，主要解决多点触控和手势识别的处理技术，而且还深入了解了外部类的调用和实例化的操作，并且掌握了如何在发布基于 iOS 平台的程序。参考传统的游戏智力玩具"华容道"（如图 10-25 所示），设计一个名为"逃出华容道"的 iOS 小游戏。首先设计一套游戏角色的卡片图，游戏 UI 需要体现三国的风格，玩家通过手势滑动屏幕控制卡片的移动，对玩家的步进进行记录，当"曹操"达到指定位置，游戏通过成功！

图 10-25　传统游戏"华容道"

第 11 章

网页游戏设计：网络坦克大战

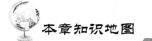

本章知识地图

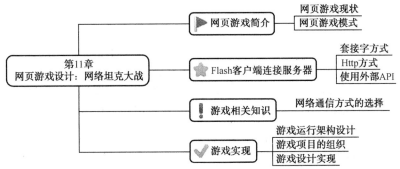

本章内容介绍

　　"坦克大战"是任天堂游戏当中比较火热的一款。它是一款单机游戏，玩家通过控制一个坦克在场景中与计算机生成的坦克进行战斗。但计算机生成的坦克 AI 程度不高，玩家无法体验一种与高手对决的游戏过程。而且该游戏是单机运行，限制了玩家数目，无论是团队对战还是多人合作，都无法很好地实现。"网络坦克大战"是一个简单的网络游戏小示例，游戏支持在一个大场景中多个玩家通过网络同时在线进行。每个玩家在场景中控制一辆坦克移动，发炮。玩家自己和其他玩家移动坦克的情况会即时在运行界面中反映。

　　本章学习前，将介绍网页游戏的基本知识。通过本游戏的制作，应该掌握 Flash 网络通信开发的基本结构，掌握网络游戏服务器端和客户端开发的基本方法，最终实现网页客户端与服务器进行即时通信和交互的任务。

11.1 网页游戏简介

　　网页游戏，简称页游，英文 WebGame，又称无端网游。顾名思义，网页游戏是一种在网页上进行的电子游戏。由于网页可以直接通过浏览器访问，所以网页游戏一般不需要下载客户端，而且在任何一个能访问互联网的计算机上就可以进行游戏。与其他的大型网络游戏相比，具有占用空间小、硬件要求低等特点。

　　网页游戏与单机运行游戏不同，它是结合服务器端和客户端技术共同打造的综合技术游戏。在开发网页游戏中，主要涉及的技术包括以下几种。

1. 网页语言 PHP、JSP、.NET、JavaScript 等

因为 PHP、JSP 等主要功能体现在服务器端动态处理方面，如果也作为展现部分使用的话，由于技术限制，多为策略型和简单图片型的游戏。

2. 基于 Flash 或 Flex 开发的高端网页游戏

借助 Flash Player 的运行支持，可以做到类似客户端网络游戏的画面。受限于 Flash 本身，在处理即时战斗、同屏角色的效率问题上有很大的局限性，但 Flash 对多媒体的支持比较强，能实现较好的游戏效果。

3. HTML5 技术开发的网页游戏，可以发挥出色的跨平台特性，甚至在移动设备上都有出色的表现

目前的 HTML5 网页游戏，一部分追求简单和容易上手，另一部分追求华丽的画面游戏体验。但 HTML5 作为新兴的技术，没有一种统一的官方标准，各大 IT 巨头都在推行对自己有利的一些准则，而且旧浏览器的不支持也增加了推广的难度。但随着技术发展与硬件更新，HTML5 游戏将成为网页游戏的未来发展方向之一。

11.1.1　网页游戏现状

"偷菜"、"抢车位"这些名词曾几何时都流行于人们的日常交流用语中。这几款依附于 QQ 空间的游戏就是典型的网页游戏。FaceBook 将一些小的网页游戏嵌入到用户的插件中，借助庞大的社交网络，让用户与自己的朋友在同一平台一起进行非实时的娱乐游戏。国内的开心网（www.kaixin001.com）学习并推广了这种社交与游戏相关的网页游戏模式。随后，腾讯也借鉴了这种游戏方式，将"偷菜"等网页游戏嵌入到其 QQ 空间产品中，并且借助其在国内无人能撼动的社交龙头地位将这种游戏发扬推广，最后发展形成了"QQ 农场"等一系列的嵌入式网页游戏。

随着 Flash 技术的发展和推广，网页游戏早已不单单是小游戏那么简单了。许多大型网页游戏的题材与玩法都向客户端网游靠拢，而网页游戏的用户也与日俱增，网页游戏开发、运营公司像雨后春笋一样发展。2012 年上半年，中国网页游戏用户数达到 2.05 亿人，比 2011 年上半年增加了 27.7%。2012 年上半年，网页游戏市场的实际销售收入达 38.2 亿元人民币，比 2011 年上半年增长了 46.7%。

在 2013 年，网页游戏发展到达一个瓶颈，以往制作粗滥、草率推出、运营不善的网页游戏被淘汰。未来的网页游戏将向精品化的道路发展：优秀的游戏策划，精良的制作团队，成熟的运营平台，雄厚的资金力量等将是未来网页游戏作品成功的基本条件。

11.1.2　网页游戏模式

网页游戏发展到现在已经比较稳定，游戏模式大致有以下 4 类。

1．城市经营模式

这类游戏，玩家拥有一个城市，不断增加或升级建筑，每种建筑有各自的功能，或提供经济资源，或提供战斗力量。战斗是通过战棋回合等形式对比数值进行。这类游戏比较有代表性的是三国题材的经营游戏。这类游戏是一个十分成熟的模式，开发难道不高，有相当多的地方可以参考，甚至有源代码。

2．战斗模式

这类游戏的核心就是战斗，不断地战斗，不断地完成任务。战斗类游戏又简称 Ebs 模式。这类游戏对玩家而言比较简单，仅仅需要的就是战斗，反过来讲则是单调，只能战斗。这类游戏也是成熟的模型，同样都有很多源代码的例子可以参考。

3．MMRPG 模式

Massively Multiplayer Online Role-Playing Game 是指大型多人在线角色扮演游戏，可同时容纳数以千计的玩家进行游戏，是目前网页游戏发展最快的一种。由玩家扮演游戏中的一个或数个角色，有完整的故事情节。这种网页游戏很像需要安装客户端的网络游戏，但画面、游戏性等都比不过客户端网络游戏。而且开发的策划难度高，由于要支持多人同场景在线，所以对技术要求也很高。

4．经营养成模式

玩家负责经营管理一个组织/公司或培养一个虚拟人物/宠物。负责处理经营培育过程中发生的问题，在经营养成的成长过程中收获成就感。例如，XX 经理人系列。这类游戏需要游戏的策划性较强，而且在玩家的成就感满足上要把握准确。比较适合单机进行，现在也有这类游戏通过社交网络进行扩展。

11.2　使用 Flash 开发网页游戏的优势

Adobe 创意部门亚太区专业讲师 Paul Burnett 日前在一次采访时说到，Flash 最大的成功之处在于"可做的事情远远超越浏览器端"，其未来发展方向有两个方面，一是网页游戏，二是 DRM 数字版权管理，前者将越来越多地应用在移动终端。

使用 Flash 开发网页游戏，有着其得天独厚的优势。

1．简单，资源丰富

书、网站、教程、游戏框架、类库、视频和示例代码不计其数。Flash 有通用并且功能强大的矢量渲染能力，可以快速地制作动画并通过 AS 进行效果控制。

2．平台稳定

在不同的浏览器中都可以安装 Flash Player。一旦浏览器安装了一次 Flash Player，所有的 Flash 游戏都能运行。而且 Flash Player 比较稳定，一般很长时间才更新一个大的版本。

3. 兼容性好

因为 Flash 的运行技术是一家垄断，没有争议以及企业之间在制定标准时的博弈。即使是 10 年前制作的 Flash 游戏，使用现在最新版本的 Flash Player 照样可以正常运行。

4. 发布简单

打包成一个 swf 文件，这个文件可以很简单地被任何主机通过 http 协议来访问。

5. 安全

虽然 swf 并非不可以反编译，但要破解 swf 文件需要颇费周章。而且市面上大量的服务和软件可以对 swf 文件进行加密保护，至少可以阻止非专业的破解和偷窃。

11.3 Flash 客户端连接服务器

网页游戏，需要服务器端和浏览器端技术的结合来完成整个游戏开发。服务器端技术有很多，如 PHP、.NET、Java 等，本书不作具体介绍。Flash 作为嵌入在浏览器运行的部分，需要通过网络与服务器端进行通信。ActionScript 支持三种方式进行网络通信：套接字、HTTP、使用外部 API。

11.3.1 套接字

套接字是在两个计算机进程之间建立的一种网络连接类型。套接字又分为 TCP 和 UDP 两种。

1. TCP

TCP 全称"通用传输控制协议"，可通过永久网络连接交换消息。TCP 可以确保发送的任何消息都以正确的顺序到达，出现重大网络问题时除外。TCP 连接要求具有"客户端"和"服务器"。Flash Player 可以创建客户端套接字，但无法创建服务端套接字。

使用以下类可以实现 TCP 连接。

- Socket — 允许客户端应用程序连接到服务器。
- SecureSocket (AIR)—允许客户端应用程序连接到受信任服务器并进行加密通信。
- ServerSocket (AIR) — 允许应用程序侦听传入连接并用作服务器。
- XMLSocket — 允许客户端应用程序连接到 XMLSocket 服务器。

2. 使用 Socket 类连接

使用 Socket 类可以快速建立套接字连接并实现读取和编写原始二进制数据。二进制套接字连接，可以支持多个不同 Internet 协议（如 POP3、SMTP、IMAP 和 NNTP）的数据传输。

要使用 Socket 类，需要创建一个 Socket 对象。最佳做法是创建一个没有参数的 Socket 对象，然后设置侦听器，最后使用套接字服务器的主机和端口参数调用 connect() 方法。

事件驱动套接字操作。例如，当准备从套接字读取数据时，该套接字将触发一个 ProgressEvent.SOCKET_DATA 事件。通过创建自己的事件处理函数来处理各类套接字事件。套接字发送以下事件的通知。

（1）与套接字服务器建立连接。

（2）套接字被套接字服务器关闭。

（3）可以从读取缓冲区中读取数据。

（4）数据正在等待从写入缓冲区传输到网络。

（5）发生了错误。

读取套接字数据：在准备读取数据时，套接字将触发一个 flash.events.ProgressEvent. SOCKET_DATA 事件。不要将套接字放于正在等待数据到达的紧密轮询循环中，仅在收到 ProgressEvent.SOCKET_DATA 事件之后才读取数据。可以从套接字中读取部分或全部可用数据。

写入套接字数据：在某些操作系统上，执行帧之间会自动调用 flush()方法。在其他操作系统上（如 Windows），除非明确调用 flush()方法，否则不会发送数据。最佳做法是在将每条消息（或相关数据组）写入套接字之后调用 flush() 方法。

以下代码演示如何通过构建 Socket 类完成客户端网络连接的定义。

```
Socket socket=new Socket();
var response;
function init() {
    socket.addEventListener(Event.CLOSE, closeHandler);
    socket.addEventListener(Event.CONNECT, connectHandler);
    socket.addEventListener(IOErrorEvent.IO_ERROR, ioErrorHandler);
    socket.addEventListener(SecurityErrorEvent.SECURITY_ERROR, securityErrorHandler);
    socket.addEventListener(air.ProgressEvent.SOCKET_DATA, socketDataHandler);
    socket.connect("localhost", 80);
}
function writeln(str) {
    str += "\n";
    try {
        socket.writeUTFBytes(str);
    }
    catch(e) {
        trace(e);
    }
}
function sendRequest() {
    trace("sendRequest");
    response = "";
    writeln("GET /");
```

```
        socket.flush();
    }
    function readResponse() {
        var str = socket.readUTFBytes(socket.bytesAvailable);
        response += str;
    }
    function closeHandler(event) {
        trace("closeHandler: " + event);
        trace(response.toString());
    }
    function connectHandler(event) {
        trace("connectHandler: " + event);
        sendRequest();
    }
    function ioErrorHandler(event) {
        trace("ioErrorHandler: " + event);
    }
    function securityErrorHandler(event) {
        trace("securityErrorHandler: " + event);
    }
    function socketDataHandler(event) {
        trace("socketDataHandler: " + event);
        readResponse();
    }
```

▶3. 使用 ServerSocket 类实现服务器监听

ServerSocket 类允许代码充当传输控制协议（TCP）连接的服务器。TCP 服务器侦听来自远程客户端的传入连接。当客户端尝试连接时，ServerSocket 将调度 connect 事件。为此事件调度的 ServerSocketConnectEvent 对象提供表示服务器和客户端之间 TCP 连接的 Socket 对象。将此 Socket 对象用于与连接的客户端的后续通信。如果需要，可以从 Socket 对象获取客户端地址和端口。

ServerSocket 对象进入侦听状态，请调用 listen()方法。在侦听状态下，每当使用 TCP 协议的客户端尝试连接到绑定地址和端口时，服务器 Socket 对象将调度 connect 事件。在调用 close()方法之前，ServerSocket 对象将继续侦听其他连接。

以下代码演示建立服务器端监听网络连接的定义。

```
package
{
    import flash.display.Sprite;
    import flash.events.Event;
```

```
import flash.events.MouseEvent;
import flash.events.ProgressEvent;
import flash.events.ServerSocketConnectEvent;
import flash.net.ServerSocket;
import flash.net.Socket;
import flash.text.TextField;
import flash.text.TextFieldType;
import flash.utils.ByteArray;

public class ServerSocketExample extends Sprite
{
    private var serverSocket:ServerSocket = new ServerSocket();
    private var clientSocket:Socket;

    private var localIP:TextField;
    private var localPort:TextField;
    private var logField:TextField;
    private var message:TextField;

    public function ServerSocketExample()
    {
        setupUI();
    }

    private function onConnect( event:ServerSocketConnectEvent ):void
    {
        clientSocket = event.socket;
        clientSocket.addEventListener(ProgressEvent.SOCKET_DATA, onClient
SocketData );
        log( "Connection from " + clientSocket.remoteAddress + ":" + client
Socket.remotePort );
    }

    private function onClientSocketData( event:ProgressEvent ):void
    {
        var buffer:ByteArray = new ByteArray();
        clientSocket.readBytes( buffer, 0, clientSocket.bytesAvailable );
        log( "Received: " + buffer.toString() );
    }
```

```
            private function bind( event:Event ):void
            {
                if( serverSocket.bound )
                {
                    serverSocket.close();
                    serverSocket = new ServerSocket();

                }
                serverSocket.bind( parseInt( localPort.text ), localIP.text );
                serverSocket.addEventListener(ServerSocketConnectEvent.CONNECT,
onConnect );

                serverSocket.listen();
                log( "Bound to: " + serverSocket.localAddress + ":" + serverSocket.localPort );
            }

            private function send( event:Event ):void
            {
                try
                {
                    if( clientSocket != null && clientSocket.connected )
                    {
                        clientSocket.writeUTFBytes( message.text );
                        clientSocket.flush();
                        log( "Sent message to " + clientSocket.remoteAddress + ":" +
clientSocket.remotePort );
                    }
                    else log("No socket connection.");
                }
                catch ( error:Error )
                {
                    log( error.message );
                }
            }

            private function log( text:String ):void
            {
                logField.appendText( text + "\n" );
                logField.scrollV = logField.maxScrollV;
                trace( text );
            }
```

```
private function setupUI():void
{
    localIP = createTextField( 10, 10, "Local IP", "0.0.0.0");
    localPort = createTextField( 10, 35, "Local port", "0" );
    createTextButton( 170, 60, "Bind", bind );
    message = createTextField( 10, 85, "Message", "Lucy can't drink milk." );
    createTextButton( 170, 110, "Send", send );
    logField = createTextField( 10, 135, "Log", "", false, 200 )

    this.stage.nativeWindow.activate();
}

private function createTextField( x:int, y:int, label:String, defaultValue:String = '',
editable:Boolean = true, height:int = 20 ):TextField
{
    var labelField:TextField = new TextField();
    labelField.text = label;
    labelField.type = TextFieldType.DYNAMIC;
    labelField.width = 100;
    labelField.x = x;
    labelField.y = y;

    var input:TextField = new TextField();
    input.text = defaultValue;
    input.type = TextFieldType.INPUT;
    input.border = editable;
    input.selectable = editable;
    input.width = 280;
    input.height = height;
    input.x = x + labelField.width;
    input.y = y;

    this.addChild( labelField );
    this.addChild( input );

    return input;
}

private function createTextButton( x:int, y:int, label:String, clickHandler:
```

```
Function ):TextField
            {
                    var button:TextField = new TextField();
                    button.htmlText = "<u><b>" + label + "</b></u>";
                    button.type = TextFieldType.DYNAMIC;
                    button.selectable = false;
                    button.width = 180;
                    button.x = x;
                    button.y = y;
                    button.addEventListener( MouseEvent.CLICK, clickHandler );

                    this.addChild( button );
                    return button;
            }
        }
    }
```

▶4．UDP

UDP 全称"通用数据报协议"，提供了一种通过无状态网络连接交换消息的方法。UDP 发送消息并不是按照顺序的，甚至无法确保消息是否已经送达。虽然 UDP 在使用上不是十分可靠，但在封送、跟踪和确认消息上会花费更少的时间，效率更高。

AIR 应用程序可以使用 DatagramSocket 和 DatagramSocketDataEvent 类发送和接收 UDP 消息。一般使用 UDP 收发信息步骤如下。

（1）创建一个 DatagramSocket 对象。

（2）为 data 事件添加事件侦听器。

（3）使用 bind()方法将套接字绑定到本地 IP 地址和端口。

（4）通过调用 send()方法发送消息，传递目标计算机的 IP 地址和端口。

（5）通过响应 data 事件接收消息。为此事件调度的 DatagramSocketDataEvent 对象包含一个 ByteArray 对象，该对象中包含消息数据。

两种套接字各有优劣，在必须发送实时信息（例如，游戏中的位置更新或音频聊天应用程序中的声音数据包）时，UDP 套接字通信很有用。在此类应用程序中，丢失一些数据是可以接收的，并且低传输延迟比保证及时到达更为重要。对于几乎所有其他目的，TCP 套接字是更好的选择。因为 TCP 连接是永久性的，除非连接的一方关闭此连接或发生严重网络故障，否则会一直存在。通过连接发送的任何数据会分解为可传输的数据包并在另一端进行重组。保证所有数据包到达（合理的情况下），并会重新传输任何丢失的数据包。

一般来说，TCP 协议可以比 UDP 协议能更好地管理可用网络带宽。要求套接字通信的多数 AIR 应用程序应该使用 ServerSocket 和 Socket 类（而非 DatagramSocket 类）。

11.3.2　HTTP 通信

HTTP 全称"超文本传送协议"，是一种详细规定了浏览器和万维网服务器之间互相通信的规则，通过 Internet 传送万维网文档的数据传送协议。AIR 和 Flash Player 应用程序可以与基于 HTTP 的服务器通信，以便加载数据、图像、视频和交换消息。

◎1. 请求 HTTP 内容

ActionScript 3.0 支持从外部源加载数据，这些源可以是静态内容（如文本文件）也可以是 Web 脚本生成的动态内容。

ActionScript 访问 HTTP 资源的基本步骤如下。

（1）URLRequest 类定义所需网络请求的属性。

（2）定义 URLLoader 对象，向服务器发送请求并访问返回的信息。

（3）监听 URLLoader 对象的 COMPLETE 事件，编写事件处理方法。

（4）调用 URLLoader 对象的 load()方法发起请求。

（5）在 COMPLETE 事件处理方法中，通过 event.target.data 属性获取服务器返回的数据。

以下代码演示从外部服务器加载 XML 数据的过程。

```
public class ExternalDocs extends Sprite{
    public function ExternalDocs(){
        var request:URLRequest = new URLRequest("http://www.myserver.com/data.xml");
        var loader:URLLoader = new URLLoader();
        loader.addEventListener(Event.COMPLETE, completeHandler);
        loader.load(request);
    }

    private function completeHandler(event:Event):void{
        var dataXML:XML = XML(event.target.data);
        trace(dataXML.toXMLString());
    }
}
```

◎2. 请求 HTTP 服务

要在 ActionScript 中访问 Web 服务，需要创建一个 URLRequest 对象，使用 URL 变量或 XML 文档构建 Web 服务调用，然后使用 URLLoader 对象将调用发送到服务。其中 REST 样式的 Web 服务是目前比较常见的简单公开方式。例如，像 http://service.example.com/?method=getItem&id=d3452 这种通过 URL 变量指定的请求就属于一种 REST Web 服务。

在 ActionScript 中编程 REST 样式的 Web 服务调用，通常包括下列步骤。

（1）创建 URLRequest 对象。

（2）针对请求对象设置服务 URL 和 HTTP 方法动词。

（3）创建 URLVariables 对象。

（4）将服务调用参数设置为变量对象的动态属性。

（5）将变量对象分配给请求对象的数据属性。

（6）使用 URLLoader 对象将调用发送到服务。

（7）处理由 URLLoader 调度的 COMPLETE 事件，指示服务调用已完成。还应该侦听由 URLLoader 对象调度的多个错误事件。

以下代码演示在 ActionScript 中访问 REST Web 服务的例子。

```actionscript
private var requestor:URLLoader = new URLLoader();
public function restServiceCall():void{
    //创建 HTTP request 对象
    var request:URLRequest = new URLRequest( "http://service.example.com/" );
    request.method = URLRequestMethod.GET;
    //添加 URL 变量
    var variables:URLVariables = new URLVariables();
    variables.method = "test.echo";
    variables.api_key = "123456ABC";//许多 REST Web 服务未避免滥用，都要求提供 KEY

    variables.message = "Hello.";
    request.data = variables;
    requestor = new URLLoader();
    //添加事件监听
    requestor.addEventListener( Event.COMPLETE, httpRequestComplete );
    requestor.addEventListener( IOErrorEvent.IOERROR, httpRequestError );
    requestor.addEventListener( SecurityErrorEvent.SECURITY_ERROR, httpRequestError );
    //发起请求
    requestor.load( request );
}

private function httpRequestComplete( event:Event ):void{
    trace( event.target.data );
}

private function httpRequestError( error:ErrorEvent ):void{
    trace( "An error occured: " + error.message );
}
```

11.3.3 使用外部 API

借助 ActionScript 的 flash.external.ExternalInterface 类，可让 ActionScript 与在其中运行的 Adobe Flash Player 容器的应用程序之间实现直接通信，即通过 ExternalInterface 可

以在 HTML 页面中的 SWF 文档和 JavaScript 之间创建交互。

通过在 HTML 页面中的 ActionScript 和 JavaScript 之间传递数据，可以完成一些常见的任务。

● 获取有关容器应用程序的信息。
● 使用 ActionScript 在浏览器网页或 AIR 桌面应用程序中调用代码。
● 从网页中调用 ActionScript 代码。
● 创建代理以简化从网页中调用 ActionScript。

ActionScript 与容器应用程序之间的通信方式有两种：ActionScript 可以调用容器中定义的代码（如 JavaScript 函数），或者容器中的代码可以调用被指定为可调用函数的 ActionScript 函数。在这两种情况下，都可以将信息发送给被调用的代码，而将结果返回给执行调用的代码。

🔖 1. 从 ActionScript 中调用外部代码

ExternalInterface.call() 方法执行容器应用程序中的代码。它至少需要一个参数，这个参数表示容器中将要被调用函数的名称。传递给 ExternalInterface.call()方法的其他任何参数均作为函数调用的参数传递给容器。

假设容器为 HTML 页面，页面中包含一个 JavaScript 函数 addNumbers，代码如下。

```
<script language="JavaScript">
//加法运算
function addNumbers(num1, num2){
return (num1 + num2);
}
</script>
```

在 ActionScript 中通过 ExternalInterface.call()方法调用 addNumbers，代码如下。

```
var param1:uint = 3;
var param2:uint = 7;
var result:uint = ExternalInterface.call("addNumbers", param1, param2);
```

只要调用失败或者容器的方法没有指定返回值，ExternalInterface.call 都会返回 null。

🔖 2. 从容器中调用 ActionScript 代码

容器只能调用函数中的 ActionScript 代码，不能调用任何其他 ActionScript 代码。若要从容器应用程序调用 ActionScript 函数，必须执行两项操作：向 ExternalInterface 类注册该函数，然后从容器的代码调用该函数。

首先，必须使用 ExternalInterface.addCallback()方法注册 ActionScript 函数，指示其能够为容器所用。addCallback()方法有两个参数，第一个参数为 String 类型的函数名，容器将使用此名称表示准备调用的函数；第二个参数为实际要执行的 ActionScript 函数。由此可见，实际上 ActionScript 函数在容器中可以使用不同的名称来调用。以下代码声明了提供给容器调用的 ActionScript 方法 callMe()，在容器中使用 myFunction 实现调用。

```
function callMe(name:String):String{
return "busy signal";
}
ExternalInterface.addCallback("myFunction", callMe);
```

一旦向 ExternalInterface 类注册了 ActionScript 函数，容器就可以实际调用该方法。完成该操作的具体方法依容器的类型而定。例如，在 Web 浏览器的 JavaScript 代码中，使用已注册的方法名调用 ActionScript 方法，就像它是 Flash Player 浏览器对象的方法（表示 object 或 embed 标签的 JavaScript 对象的方法）。这样执行 ActionScript 方法就如同调用本地方法一样。

```
<script language="JavaScript">
//调用 AS 方法，返回"busy signal"
var callResult = flashObject.myFunction("my name");
</script>
...
<object id="flashObject"...>
...
<embed name="flashObject".../>
</object>
```

如果在台式机应用程序中的 SWF 文件中调用 ActionScript 函数时，必须将已注册的函数名及所有参数序列化为一个 XML 格式的字符串。然后，将该 XML 字符串作为一个参数来调用 ActiveX 控件的 CallFunction()方法，以实际执行该调用。

11.4 游戏涉及相关知识

网页游戏需要运行一个服务器端的程序，每一个启动的浏览器客户端都需要连接到服务器进行数据通信。根据游戏的不同，浏览器客户端与服务器端通信的频繁程度也不一样。

如果对网络传输的时效性要求不高，不需要长期与服务器端保持连接，建议选择使用 HTTP 连接方式。HTTP 连接方式以一次请求和响应作为完整的网络通信，浏览器发送一个请求给服务器，服务器将处理结果返回给浏览器，这样就完成了一次网络通信。HTTP 方式实现简单，可以通过 JavaScript 发送，也可以在 ActionScript 中发起请求。HTTP 连接只能由浏览器发起请求，服务器端无法主动向浏览器传输数据。

如果需要客户端与服务器端通信比较频繁，并且需要长期保持连接，则应该选择套接字方式。套接字连接方式需要服务器启动监听，等待客户端的连接请求。一旦建立连接，在没有执行关闭之前，服务器和客户端的连接将一直维持，而且服务器端和客户端相互之间都可以主动传输数据。只要建立了接收数据的监听器，当接收到数据时将会自动执行对应的处理方法。使用套接字连接，对服务器而言每当有一个客户端连接进入，会为其建立一个套接字负责通信，维持这个套接字需要消耗服务器的资源。当客户端较多的时候，服务器的性能会有明显下降。因此大型的网页游戏都需要有性能较强的服务器，并且建立分布式服务提供多个玩家同时在线。

11.5　游戏的开发过程

本游戏开发分为 5 个流程：①运行架构设计，②项目组建，③绘制程序流程图，④解决游戏关键问题，⑤实现游戏。

11.5.1　第一步：运行架构设计

本游戏分为服务器端和浏览器端两个项目，使用套接字以 TCP 的方式进行通信。

服务器端程序分为两个部分。一个是自定义套接字通信类，此类作为辅助功能类，用于处理客户端连接。该类负责启动监听，维护每一个已经连入服务器的客户端。另一个是服务器端主程序，负责显示当前服务器的状态信息，如当前连接的客户端（玩家）列表，负责启动服务器监听功能，对客户端发送到服务器的信息进行初步处理，将信息分发到各个客户端等。

客户端分为两个部分。一个是游戏控制部分，负责游戏场景的绘制和用户交互。这部分的功能与普通的 Flash 游戏基本一致。另一个是网络通信部分，负责建立套接字与服务器端进行通信，解析服务器发来的消息内容，如图 11-1 所示。

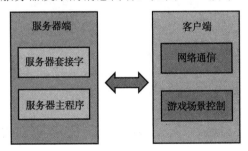

图 11-1　游戏总体框架

11.5.2　第二步：项目组建

"网络坦克大战"分为服务器部分和浏览器客户端部分，所以需要建立两个工程项目。

服务器端是一个在系统中独立运行的应用程序，在 FlashBuiler 中建立 "ActionScript 项目"，选择 "桌面" 应用程序类型，如图 11-2 所示。

为项目添加一个 utils 的包，作为一些常用功能的独立包封装起来。在 utils 包下添加类 CommonUtils，CommonUtils 类提供一些常用操作方法的封装，都以静态方法的方式定义。在 utils 包下添加类 UserData，UserData 类表示一个已经连接到服务器端用户的数据结构，记录有客户端的编号，客户端通信用的套接字，传输的字节数组等。

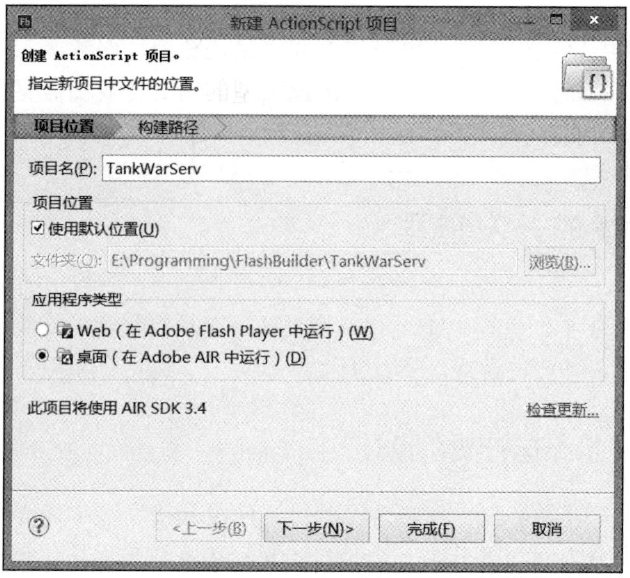

图 11-2　创建服务器端项目

在默认包中创建 ServerSocketClient 类，作为服务器端的通信控制类。定义
ServerSocket 对象的初始化方法，当客户端连入服务器的事件操作，接收到客户端发送信
息的事件操作等通信核心功能。在默认包中添加派生自 Sprite 的类 TankWarServer 作为主
程序运行类。主程序包含两个文本区域控件，一个用于显示当前接入的用户，另一个用
于记录用户操作的日志。主程序中包含解析客户端与服务器端通信的数据包信息的方法，
向全部客户端广播信息的方法等，服务器端程序目录结构如图 11-3 所示。

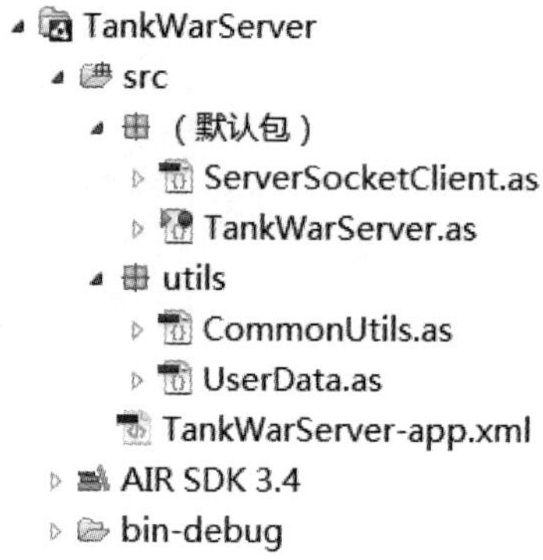

图 11-3　服务器端程序目录结构

客户端是一个在浏览器中运行的 AIR 程序，在 FlashBuiler 中建立"ActionScript"项
目，选择"Web"应用程序类型，如图 11-4 所示。

为项目添加 game 包，在 game 包内定义游戏场景、游戏控制、坦克类等游戏显示与
用户操作相关的部分。默认包定义一个 ClientSocket 类，负责客户端与服务器端通信的处
理，包括连接、发送消息、处理消息等方法。另外，为了避免在一个浏览器中多次运行
多个 ClientSocket 的实例对象，将 ClientSocket 类定义为单例模式，一个进程中只能有一
套接字，客户端程序目录结构如图 11-5 所示。

图 11-4　创建 web 类型的 ActionScript 项目　　　　图 11-5　客户端程序目录结构

11.5.3　第三步：绘制游戏活动图

服务器端启动套接字后，以事件监听的方式等待客户端接入或发送信息。一共有三种主要的事件进行监听，服务器端活动图如图 11-6 所示。

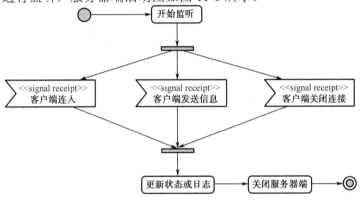

图 11-6　服务器端活动图

客户端运行后马上连接服务器端。帧刷新事件负责处理坦克的用户交互，如坦克移动和发射炮弹操作等。网络事件则当服务器发送消息过来后进行处理，如其他坦克的位置信息等。场景将按照所有坦克的信息进行绘制客户端活动图如图 11-7 所示。

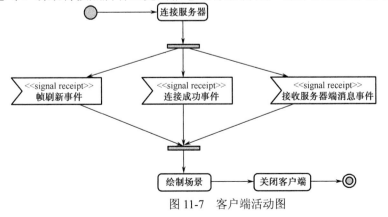

图 11-7　客户端活动图

11.5.4　第四步：解决游戏关键问题

本游戏主要作为演示网页游戏的工作原理，作为一个游戏的雏形，所以在游戏互动方面比较简单，只有控制主角坦克的移动、发射，以及显示其他玩家坦克的位置。网络通信是关键问题集中所在。

问题 1：服务器端如何维护每一个客户端的连接套接字？

解决方法：创建一个 UserData 的数据类，封装记录每一个连接客户端的相关信息。以下代码是 UserData 类的声明内容。

```
public class UserData
{
    public var userID:uint = 0;                          //客户端编号
    public var socket:Socket = null;                     //通信套接字
    public var tankData:Object = null;                   //坦克对象
    public var byteArr:ByteArray = new ByteArray();      //传输的数据

    public function UserData()
    {
    }
}
```

在服务器端的主程序中，定义一个名为 userDataArr 的 UserData 类型的 Vector。每当一个新的客户端接入时，创建一个 UserData 的对象，并设置相关的属性。然后将这个 UserData 对象放入 userDataArr 中。当需要向全部客户端发送消息时，只需要遍历 userDataArr 就可以逐一执行操作。

```
protected function onClientConnected(event:ServerSocketConnectEvent):void
{
    var so:Socket = event.socket;
    var ud:UserData = new UserData();   //新的 UserData 对象
    ud.socket = so;
    ud.userID = userIDPoint++;
    userDataArr.push(ud);       //加入到 Vector 中

    so.addEventListener(Event.CLOSE,onCloseSocket);
    so.addEventListener(ProgressEvent.SOCKET_DATA,onSocketData);

    tf1.appendText(so.remoteAddress + ":" + so.remotePort + "连接成功\n" );

    //消息 ID 为 3 表示连接成功。给用户返回一个 ID
    var str:String = "3|" + ud.userID;
```

```
            //发送用户 ID 给客户端
            sendStr(so,str);

            //发送所有坦克给客户端
            var tempArr:Array = new Array();
            for(var i:uint = 0 ; i < userDataArr.length ; i++)
            {
                var tank:Object = userDataArr[i].tankData;
                if(tank != null)
                {
                    tempArr.push(tank);
                }
            }

            if(tempArr.length > 0)
            {
                var str2:String = "4|" + JSON.stringify(tempArr);
                //trace(str2);
                sendStr(so,str2);
            }

            updateUserList();
    }
```

问题 2：游戏通信的编码？

解决方法：客户端与服务器端之间沟通的信息有客户端连接，创建坦克，坦克移动，炮弹移动等若干种数据，使用一种有效的信息组包可以提高服务器端与客户端的处理。本游戏将各种通信的内容用字符"|"进行分隔，每条信息的第一个位置表示信息的类型，用一个位的整数表示。其余后面的数据也是按"|"进行分割，每种信息的数据分段不一样。

例如，创建坦克的数据包内容为"0|red|34|250|90"，分别表示"信息类型|颜色|x 坐标|y 坐标|方向"。坦克移动的数据包内容则为"1|416|729|180"，分别表示"信息类型|x 坐标|y 坐标|方向"。可见，创建坦克的数据包有 5 段，而坦克移动信息只有 4 段。但所有信息的第 1 段都是一个整数值，表示这种信息的类型。

创建一个 handMessage2()方法，按照"|"字符分割数据存放在一个字符串数组中，然后调用 handMessageByID()方法，根据数据包的信息类型分类处理。

以下是 handMessage2()方法的代码。

```
private function handMessage2(str:String , socket:Socket):void
    {
```

```
                var arr:Array = str.split("|");
                var messageID:uint = uint(arr[0]);
                handMessageByID(arr,messageID,socket);
        }
```

以下是 handMessageByID()方法的代码。

```
private function handMessageByID(arr:Array , msgID:int , so:Socket):void
    {
            var userData:UserData = getUserDataFormSocket(so);
            var userID:uint = userData.userID;
            var str:String;
            if(msgID == 0)
            {
                //创建坦克消息
                var tankData:Object = new Object();
                tankData.color = uint(arr[1]);
                tankData.x = uint(arr[2]);
                tankData.y = uint(arr[3]);
                tankData.jd = uint(arr[4]);
                tankData.userID = userID;

                userData.tankData = tankData;

                //发送创建坦克完成消息
                str = "5|" + JSON.stringify(tankData);
                sendToAllClient(str);
            }else if(msgID == 1)
            {
                //坦克移动消息
                var moveData:Object = new Object();
                moveData.userID = userData.userID;
                moveData.x = int(arr[1]);
                moveData.y = int(arr[2]);
                moveData.jd = int(arr[3]);

                userData.tankData.x = moveData.x;
                userData.tankData.y = moveData.y;
                userData.tankData.jd = moveData.jd;

                str = "7|" + JSON.stringify(moveData);
```

```
                sendToAllClient(str);
            }else if(msgID == 8)
            {
                //炮弹信息
                var fireData:Object = JSON.parse(arr[1]);
                fireData.userID = userID;

                str = "9|" + JSON.stringify(fireData);
                sendToAllClient(str);
            }
        }
```

问题 3： 客户端游戏如何与服务器通信？

解决方法： 运行客户端主程序后，马上连接到服务器。自己坦克移动的事件绑定到方法 onTankMove()中，将自己坦克当前的位置发送给服务器端。onTankMove()方法的代码如下所示。

```
protected function onTankMove(event:TankControlEvent):void
    {
        var obj:Object = event.dataObj;

        //发送移动坦克消息
        //消息 id|x 位置|y 位置|rotation
        ClientSocket.getInstance().sendMessage("1|"+ int(obj.x) +"|" + int(obj.y) + "|" +
int(obj.rotation));
    }
```

定义接收到服务器端消息事件的处理方法 handMessage()，按照 "|" 字符分割数据存放在一个字符串数组中，然后调用 handMessageByID()方法，根据数据包的信息类型分类处理。handMessage()方法代码如下所示。

```
private function handMessage(str:String):void
    {
        var arr:Array = str.split("|");
        var messageID:uint = arr[0];

        handMessageByID(arr,messageID);
    }
```

handMessageByID()方法代码如下所示。4 号信息是添加其他坦克位置的数据。所有其他坦克的数据使用 JSON 格式定义，将 JSON 的数据转换为数组，然后遍历数组所有元素，添加到场景中记录坦克的 Vector 对象中。7 号信息是其他坦克位置更新的数据。同样将 JSON 格式的坦克数据转换为数组，再调用 handTankMove()方法更新其他坦克的信息。

```
        private function handMessageByID(arr:Array , msgID:int):void
    {
        var tankData:Object;
        if(msgID == 3)
        {
            //连接成功返回 ID
            this.userID = int(arr[1]);
        }else if(msgID == 4)
        {
            //服务器端返回所有坦克给客户端
            var tankArr:Array = JSON.parse(String(arr[1])) as Array;
            for(var i:uint = 0 ; i < tankArr.length ; i++)
            {
                tankData = tankArr[i] as Object;
            gs.addTank(tankData.color,tankData.x,tankData.y,tankData.jd,tankData.userID);
            }
        }else if(msgID == 5)
        {
            //创建坦克完成消息
            tankData = JSON.parse(String(arr[1]));
            var    tank:Tank    =    gs.addTank(tankData.color,tankData.x,tankData.y,
tankData.jd,tankData.userID);

            if(tank.userID == this.userID)
            {
                //自己的坦克
                gs.setAsMyTank(tank);
                tank.setShowAsSelf();
                tc = new TankControl(tank,this.stage);
                tc.addEventListener(TankControlEvent.TANK_MOVE,onTankMove);
                tc.addEventListener(TankControlEvent.TANK_FIRE,onTankFire);
            }
        }else if(msgID == 6)
        {
            //客户端断开连接
            var userID:uint = uint(arr[1]);
            removeTankFormUserID(userID);
        }else if(msgID == 7)
```

```
    {
        //接收坦克移动消息
        tankData = JSON.parse(String(arr[1]));
        handTankMove(tankData);
    }else if(msgID == 9)
    {
        var fireData:Object = JSON.parse(String(arr[1]));
        if(this.userID != fireData.userID)
        {
            otherFire(fireData);
        }
    }
}
```

处理坦克移动的方法 handTankMove()如下所示。

```
private function handTankMove(tankData:Object):void
    {
        var tanks:Vector.<Tank> = gs.getTankArr();
        for(var i:uint = 0 ; i < tanks.length ; i++)
        {
            if(tanks[i].userID == tankData.userID && tankData.userID != this.userID)
            {
                tanks[i].x = tankData.x;
                tanks[i].y = tankData.y;
                tanks[i].rotation = tankData.jd;
                return ;
            }
        }
    }
```

11.5.5 第五步：实现游戏

▷ 1．服务器端

服务器端主包中包括两个类，网络套接字处理类 ServerSocketClient 和主程序类 TankWarServer。

ServerSocketClient 类结构如图 11-8 所示。

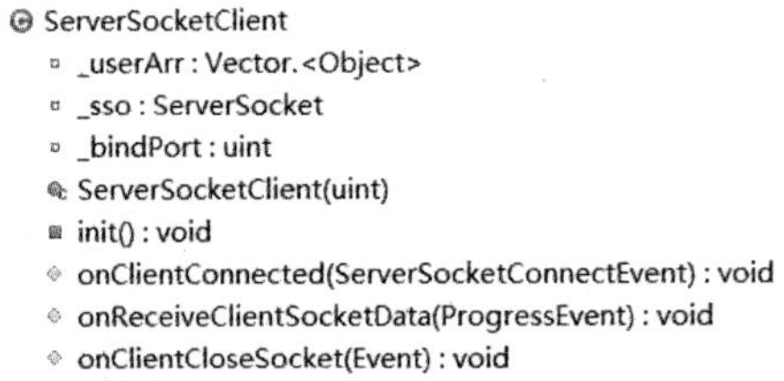

```
⊖ ServerSocketClient
    □ _userArr : Vector.<Object>
    □ _sso : ServerSocket
    □ _bindPort : uint
    ⚡ ServerSocketClient(uint)
    ■ init() : void
    ◇ onClientConnected(ServerSocketConnectEvent) : void
    ◇ onReceiveClientSocketData(ProgressEvent) : void
    ◇ onClientCloseSocket(Event) : void
```

图 11-8　ServerSocketClient 类结构图

构造器与初始化方法启动监听。添加事件绑定，当客户端连接后执行 onClientConnected()方法。

```
public function ServerSocketClient(bindPort:uint)
{

    _bindPort = bindPort;
    init();

}


private function init():void
{

    _userArr = new Vector.<Object>();
    _sso = new ServerSocket();
    _sso.bind(_bindPort);

    //等待客户端连接
    _sso.listen();
    _sso.addEventListener(ServerSocketConnectEvent.CONNECT,onClientConnected);

}
```

客户端接入处理方法 onClientConnected()，添加客户端发送信息事件绑定到 onReceiveClientSocketData 方法。

```
protected function onClientConnected(event:ServerSocketConnectEvent):void
{

    var socket:Socket = event.socket;
    var user:Object = new Object();
    user.socket = socket;


    _userArr.push(user);



    socket.addEventListener(Event.CLOSE,onClientCloseSocket);
    socket.addEventListener(ProgressEvent.SOCKET_DATA,onReceiveClientSocketData);

}
```

TankWarServer 是服务器端主程序，tf1 和 tf2 是显示服务器状态的两个文本区。_sso 是 ServerSocket 的对象，TankWarServer 类结构如图 11-9 所示。

- TankWarServer
  - BIND_PORT : uint
  - _sso : ServerSocket
  - userDataArr : Vector.<UserData>
  - tf1 : TextField
  - tf2 : TextField
  - userIDPoint : uint
  - TankWarServer()
  - initView() : void
  - updateUserList() : void
  - initServerSocket() : void
  - onClientConnected(ServerSocketConnectEvent) : void
  - sendStr(Socket, String) : void
  - onSocketData(ProgressEvent) : void
  - chulixiaoxi(String, Socket) : void
  - getUserDataFormSocket(Socket) : UserData
  - handMessage(Socket) : void
  - handMessage2(String, Socket) : void
  - handMessageByID(Array, int, Socket) : void
  - onCloseSocket(Event) : void
  - sendToAllClient(String) : void

图 11-9　TankWarServer 类结构图

运行程序后马上初始化服务器，有客户端连接事件绑定到 onClientConnected()方法。

```
private function initServerSocket():void
    {
        //创建服务器插座
        _sso = new ServerSocket();
        //绑定到 1999 的端口
        _sso.bind(TankWarServer.BIND_PORT);
        //开始监听客户端的连接
        _sso.listen();
        tf1.appendText("等待客户端连接...\n");


        //如果客户端连接上则调度
        _sso.addEventListener(ServerSocketConnectEvent.CONNECT,onClientConnected);

    }
```

每个客户端连接后的处理过程见上文关键问题 1。当服务器端接收到任意一个客户端发送的消息后，需要将处理结果通知其他每个客户端。例如，客户端 A 报告坦克的新位置，服务器端要负责通知每一个客户端。sendToAllClient()方法遍历 userDataArr 的每一个在线用户，向这些用户的 Socket 发送信息。

```
private function sendToAllClient(str:String):void
    {
        for(var i:uint = 0 ; i < userDataArr.length ; i++)
        {
            var socket:Socket = userDataArr[i].socket;
```

```
                sendStr(socket,str);
        }
    }
```

服务器端运行效果如图 11-10 所示。

图 11-10　服务器端运行效果

▶2．客户端

客户端同样将网络通信的套接字进行封装，创建一个 ClientSocket 类，ClientSocket 类结构图如图 11-11 所示。

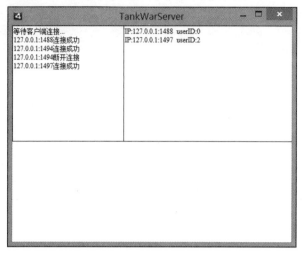

```
⊖ ClientSocket
    □ _socket : Socket
    ◦ⁱ _instance : ClientSocket
    □ messgaeBox : Vector.<String>
    ◉ⁱ getInstance() : ClientSocket
    □ handFunc : Function
    ◉ setHandFunc(Function) : void
    □ handConnectFunc : Function
    ◉ setHandConnectedFunc(Function) : void
    ◈ ClientSocket()
    □ _byteArr : ByteArray
    ◉ onSocketData(ProgressEvent) : void
    ▣ handMessage() : void
    ▣ addMsgToMsgBox(String) : void
    ◈ onIOError(IOErrorEvent) : void
    ◈ onClose(Event) : void
    ◈ onConnect(Event) : void
    ◉ connectToServer(String, uint) : void
    ◉ sendMessage(String) : void
    ▣ getStrByteLen(String) : uint
```

图 11-11　ClientSocket 类结构图

为了避免在同一个浏览器进程中多次建立客户端套接字，ClientSocket 类设计为单例模式。保证每一个客户端进程只能使用一个套接字与服务器端通信。通过静态方法getInstance()获取当前的套接字对象。

```
private static var _instance:ClientSocket;
public static function getInstance():ClientSocket
```

```
    {
        if(_instance == null)
        {
            _instance = new ClientSocket();
        }
        return _instance;
    }
public function ClientSocket()
    {
        if(_instance != null)
        {
            throw new Error("单例实例化无法重复实例化！");
        }
        _socket = new Socket();
        _socket.addEventListener(Event.CONNECT,onConnect);
        _socket.addEventListener(Event.CLOSE,onClose);
        _socket.addEventListener(IOErrorEvent.IO_ERROR,onIOError);
        _socket.addEventListener(ProgressEvent.SOCKET_DATA,onSocketData);
    }
```

客户端主类 TankWarClient 将游戏场景的处理交给 game 包中的 GameScene 类对象 gs 完成，动作处理交给 TankControl 类对象 tc 完成。TankWarClient 类的类结构如图 11-12 所示。

```
TankWarClient
    userID : uint
    gs : GameScene
    tc : TankControl
    CONNECT_IP : String
    CONNECT_PORT : uint
    TankWarClient()
    loop(Event) : void
    onTankMove(TankControlEvent) : void
    handMessage(String) : void
    handMessageByID(Array, int) : void
    otherFire(Object) : void
    onTankFire(TankControlEvent) : void
    handTankMove(Object) : void
    removeTankFormUserID(uint) : void
    handConnectedFunc() : void
```

图 11-12　TankWarclient 类结构图

程序初始化连接服务器，例子中使用本机作为服务器，因此地址为 127.0.0.1。同时设置连接成功的事件处理方法，接收到数据的处理方法和场景帧刷新的处理方法。

```
public function TankWarClient()
    {
        //连接到服务器
        ClientSocket.getInstance().connectToServer(CONNECT_IP,CONNECT_PORT);
        //设置处理消息回调函数
```

```
            ClientSocket.getInstance().setHandFunc(this.handMessage);
            ClientSocket.getInstance().setHandConnectedFunc(this.handConnectedFunc);

            //坦克的场景
            gs = new GameScene();
            this.addChild(gs);

            stage.addEventListener(Event.ENTER_FRAME,loop);
        }

        protected function loop(event:Event):void
        {
            if(tc)
            {
                tc.loop();
            }

            if(gs)
            {
                gs.loop();
            }
        }
```

        客户端的处理方法见上文问题 3。客户端运行效果如图 11-13 所示。两个不同的浏览器出现两个坦克，黄色圈的表示自己控制的坦克。

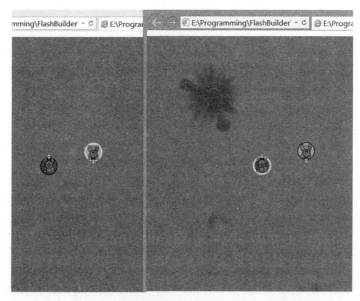

图 11-13　客户端运行效果

本章小结

利用 Flash AIR 构建的网页游戏，虽然是依附在浏览器中运行，但从结构上也可以将 AIR 的程序看成是客户端，通过客户端与服务器端进行连接和网络通信。AIR 设计网页游戏通常都要分两个部分实现，游戏部分依然使用传统游戏的设计思路、场景、鼠标或键盘交互等事件处理方式实现。网络通信部分则需要单独封装处理，并需要将网络通信所得到的信息与游戏场景进行相互传达。

本章先介绍了 AIR 进行网络通信主要的几种方式，并详细介绍了 Socket 套接字以 TCP 方式进行连接的实现。然后介绍了在网页游戏开发中，Flash 与容器网页中的 JavaScript 相互调用的方法。通过"网络坦克大战"的例子，简单地模拟了一个支持多人同时在线的小型网页游戏的范例，让读者了解网页游戏开发的基本模式。

思考与拓展

在网页游戏中，玩家的比分排名是游戏吸引用户的一个因素，而玩家之间聊天互动也是让玩家增进沟通一个很重要的因素。在本章例子的基础之上，可以继续开发分数系统、玩家排名和好友沟通等功能。

参 考 文 献

[1] 刘增良，刘国亭. 电气工程 CAD[M]. 北京：中国水利水电出版社，2003.

[2] 何利民，尹全英. 电气制图与读图（第 3 版）[M]. 北京：机械工业出版社，2012.

[3] Christopher Griffith，著. 实战 Flash 游戏开发（第二版）[M]. 李鑫，杨海玲，译. 北京：人民邮电出版社，2012.

[4] 胡昭民. 游戏设计概论（第 4 版）[M]. 北京：清华大学出版社，2013.

[5] 陈洪，任科，李华杰. 游戏专业概论. [M]. 北京：清华大学出版社，2010.

[6] Feronato E. Box2D for Flash Games [M]. Packt Publishing Limited, 2012.

[7] Gary Rosenzweig，著. ActionScript 3.0 游戏编程（第 2 版）[M]. 胡蓉，张东宁，朱栗华，译. 人民邮电出版社，2011.

[8] Rex van der Spuy，著. ActionScript 3.0 游戏设计基础（第 2 版）[M]. 大漠穷秋，译. 北京：电子工业出版社，2013 年.

[9] 安德森（Jermaine G. Anderson）. Flash+Flex+AIR 移动开发入门经典[M]. 北京：清华大学出版社，2011.

[10] Jobe Makar，著. ActionScript 大型网页游戏开发[M]. 李鑫，马舜，译. 北京：人民邮电出版社，2010.

[11] Adobe. Actionscript3.0 开发人员指南[G/OL]. [2014 年]. http://help.adobe.com/zh_CN/as3/dev/index.html.

[12] 房晓溪. 电脑游戏设计[M]. 北京：中国水利水电出版社，2007.